徹底解剖
TLS1.3

古城 隆、松尾 卓幸、宮崎 秀樹、須賀 葉子 ／著

本書内容に関するお問い合わせについて

このたびは翔泳社の書籍をお買い上げいただき、誠にありがとうございます。弊社では、読者の皆様からのお問い合わせに適切に対応させていただくため、以下のガイドラインへのご協力をお願い致しております。下記項目をお読みいただき、手順に従ってお問い合わせください。

●ご質問される前に

弊社Webサイトの「正誤表」をご参照ください。これまでに判明した正誤や追加情報を掲載しています。

正誤表　　　https://www.shoeisha.co.jp/book/errata/

●ご質問方法

弊社Webサイトの「刊行物Q&A」をご利用ください。

刊行物Q&A　　　https://www.shoeisha.co.jp/book/qa/

インターネットをご利用でない場合は、FAXまたは郵便にて、下記"翔泳社 愛読者サービスセンター"までお問い合わせください。
電話でのご質問は、お受けしておりません。

●回答について

回答は、ご質問いただいた手段によってご返事申し上げます。ご質問の内容によっては、回答に数日ないしはそれ以上の期間を要する場合があります。

●ご質問に際してのご注意

本書の対象を越えるもの、記述箇所を特定されないもの、また読者固有の環境に起因するご質問等にはお答えできませんので、あらかじめご了承ください。

●郵便物送付先およびFAX番号

送付先住所　　〒160-0006　東京都新宿区舟町5
FAX番号　　　03-5362-3818
宛先　　　　　（株）翔泳社 愛読者サービスセンター

はじめに

本書はインターネットのセキュリティプロトコル「TLS（Transport Layer Security）」を使用したプログラミングに関わるエンジニアのための技術解説書です。内容は、実際のプログラミングに役立つことを目指しつつ、単なる利用方法の理解だけにとどまらずそのベースとなっているプロトコル規定、それを支える暗号技術などを含めて理解を深めることを目標としています。

本書は以下のような構成になっています。

Part 1（Chapter 1〜5）では、簡単なTLSプログラムの概要から出発して、TLSプロトコル規定について見ていきます。また、それを支える暗号技術などについて解説します。

Part 2（Chapter 6〜8）では、Part 1で解説した内容にもとづいたTLSプログラムを作成し、さらにTLSの具体的な機能を用いるサンプルプログラムを見ていきます。これらのサンプルプログラムは本書の付属データとして、以下の翔泳社サイトからダウンロード可能であり、読者の皆さんが実際にコンパイル、実行し、試してみることができるようになっています。

Part 3（Chapter 9〜12）では、wolfSSLのオープンソース版を利用して、ライブラリの内部構造、プロトコルや暗号アルゴリズムの実現について解説します。

巻末の**付録**では、読者がwolfSSLを実際に使用することを想定して、ユーザーマニュアルからは読みとりにくい部分を中心に解説します。

本書で解説するTLS（Transport Layer Security）は当初、インターネットの黎明期に1ベンダーによるセキュリティプロトコル「SSL（Secure Socket Layer）」として生まれました。そのSSLがデファクトスタンダードとして広がり、IETFによる中立的な標準TLSとなり、さまざまな現実の問題に取り組んで解決していく中で、社会インフラとしてのセキュリティプロトコル標準の地位を確立してきました。これまでの経験と知見、そして関係者の努力で大胆に整理されたTLS 1.3は、今後長期にわたってインターネットセキュリティを支えていくと見られています。

本書はメンバーが個人の立場で執筆しましたが、執筆にあたってはwolfSSLのLarry Stefonic, CEO、Todd A Ouska, CTOをはじめ、チームの全面的なバックアップにより進めることができました。特にSean Parkinson、Chris Conlonの深いレビュー、フィードバックに感謝します。

本書はwolfSSL Japanの社内勉強会の内容をもとに、書籍として知識の体系が伝わるように大幅に見直し、加筆したものです。内容の多くはお客様との日々のやりとりの中から生まれました。内容には拙い部分も多々あるかと思いますが、本書が読者の日々の課題解決への一助となれば幸いです。

2022年2月　著者

Contents

目次

Part 1　TLS の技術　　　　　　　　　　　　　　　　　　　　　1

Chapter 1　TLSプロトコルの概要　　　　　　　　　　　　　　1

Chapter 2　TLSのプロトコル仕様　　　　　　　　　　　　　11

Chapter 3 TLSを支える暗号技術   41

Chapter **7**　暗号アルゴリズム　　　　　　　　　　　　　　　　　**167**

Chapter **8** その他のプログラミング　　　　　　　　　　**215**

Part **3** TLS ライブラリの構造　　　　　　　　　　　　　　**235**

Chapter **9** wolfSSL ライブラリの構成　　　　　　　　　　**235**

TLSプロトコル
の概要

　Chapter 1では、簡単なTCPクライアント／サーバープログラムをTLSによるクライアントとサーバーに拡張する例を用いて、TLSプロトコルの概要を紹介します。Chapter 2では、TLSプロトコルについて特にTLS 1.3を中心に解説します。Chapter 3ではプロトコルをさらに詳細に理解するために、TLSに使われている暗号アルゴリズムや技術について、特にTLSとの関連を見ていきます。また、Chapter 4ではTLSを支える標準について、Chapter 5ではTLSプログラミングにおいてセキュリティ上考えておくべき事項についてまとめます。

1.1　TCPクライアント／サーバー

　本章では、TLS（Transport Layer Security）のプログラムとプロトコルがどのように実現されているのかを、簡単なクライアント、サーバープログラムを通して見ていきます。

　このプログラムは、TCPないしTLS接続のあと、クライアントからサーバーへ、そしてサーバーからクライアントへという1往復のアプリケーションメッセージを送受信し、接続を解除するだけの単純なものですが、この中にTLSプロトコルを構成する主要な要素のほとんどを見ることができます。

　TLSプロトコルはすべて、TCPプロトコルによる接続の上に実現されます。図1.1にTCPだけを使ったネットワーク通信のためのクライアント／サーバーの簡単なプログラムの概略を示します。

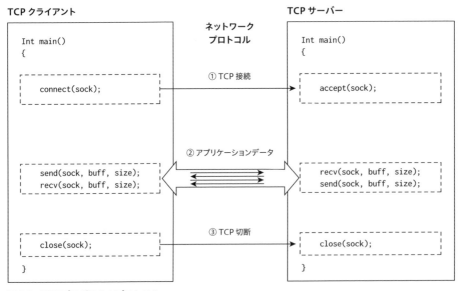

図1.1　TCPプログラムとプロトコル

　プログラム上の前処理などを省略すると、TCP通信ではまず、サーバー側でこのサーバーと通信したい相手（クライアント）からの接続要求を受け付けられるように待ち状態に入ります。今回のようなBSDソケットによるプログラムを例とすると、**accept()**関数を呼び出します。

　一方、クライアントは通信したい相手のサーバーに対して接続要求を出します。BSDソケットでは**connect()**関数の呼び出しです。この要求がサーバーに受け入れられるとTCP接続が成立し（図1.1①）、クライアントとサーバーの間でTCP通信ができるようになります。

　以降、この接続を使ってクライアントとサーバーの間でアプリケーションの必要に応じたメッセージ（アプリケーションデータ）の送信・受信を繰り返します（図1.1②）。

　最後に、必要なメッセージの送受信が完了したらTCP接続を切断します（図1.1③）。

1.2　TLS層を追加する

　それでは、このTCPクライアント／サーバーのプログラムにTLS層の処理を追加しましょう。図1.2はTLSの処理を追加したプログラムの概略です。

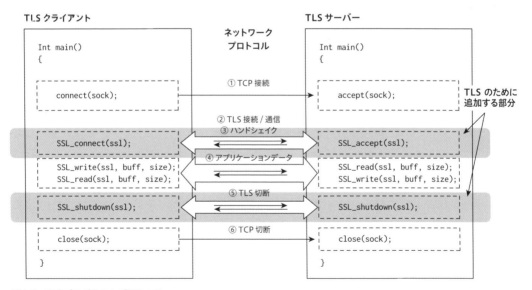

図1.2　TLCプログラムとプロトコル

　TLSはすべての通信をTCPプロトコル上で行うので、TCPプログラムの接続（図1.2①）、切断処理（図1.2⑥）は図1.1とまったく変わりません。TLSのすべてのレコードはTCP接続されたクライアント、

3

サーバー間のTCPレコードの上に載せて転送することになります。

　次に、サーバー側プログラムがTLSレイヤーの接続要求を待つためにSSL_accept()関数を呼び出します。これでサーバー側はクライアントからのTLS接続要求の待ち状態となります。一方、クライアント側プログラムでは接続要求のためにSSL_connect()関数を呼び出します（図1.2②、③）。この呼び出しにより、クライアントとサーバー間での一連のTLSハンドシェイクが実行されます。ハンドシェイクでは、TLS通信で使用する暗号スイート（暗号アルゴリズムの組み合わせ）を合意し、実際にTLSセッションで使用する暗号鍵を合意します。さらに、正当な相手方であることを認証するなど、安全な通信が確保できることを確認します。これらの手順がすべて正常に完了すればTLS接続が確立します。

　TLS接続が確立したら、目的とするアプリケーションデータの送受信を行います（図1.2④）。これはプログラム上ではAPIのSSL_read()／SSL_write()関数を呼び出すことで実現されます。アプリケーションが送信したい平文のメッセージはSSL_write()関数によって暗号化され、さらにSSL_read()関数によって復号されて相手方のアプリケーションに平文で引き渡されます。このとき、TLSプロトコル処理の一環として、受け取ったメッセージが送信元メッセージから改竄されていないこと、つまり「真正性のチェック」も行います。

　最後に、アプリケーションデータの送受信が完了したらTLS、TCPの順に切断します（図1.2⑤、⑥）。

Note　実際にC言語で書かれたサンプルプログラムは、Chapter 6以降で解説していきます。

1.3　TLSプロトコルを俯瞰する

　それでは、このサンプルプログラムの動作をTLSプロトコルレイヤーで見てみましょう。

　Wiresharkに代表されるパケットキャプチャツールを使うと、この様子を見ることができます。ここでは、TLSハンドシェイクだけに注目できるようにWiresharkのフィルターに「tls」を指定します（図1.3）。TLS 1.3では、ハンドシェイクの冒頭部分だけが平文で送受信され、残りはすべて暗号化されたやり取りとなるため、通常のパケットキャプチャでは冒頭の「Client Hello」「Server Hello」しか見ることができません。

No.	Time	Source	Destination	Protocol	Length	Info
41	2.859510	192.168.10.8	192.168.10.2	TLSv1.3	556	Client Hello
43	2.861149	192.168.10.2	192.168.10.8	TLSv1.3	182	Server Hello
44	2.862061	192.168.10.2	192.168.10.8	TLSv1.3	82	Application Data
46	2.862140	192.168.10.2	192.168.10.8	TLSv1.3	1177	Application Data
49	2.866600	192.168.10.2	192.168.10.8	TLSv1.3	340	Application Data
50	2.866636	192.168.10.2	192.168.10.8	TLSv1.3	112	Application Data
52	2.869154	192.168.10.8	192.168.10.2	TLSv1.3	112	Application Data
54	2.875524	192.168.10.8	192.168.10.2	TLSv1.3	90	Application Data
56	2.875652	192.168.10.2	192.168.10.8	TLSv1.3	98	Application Data
57	2.875666	192.168.10.2	192.168.10.8	TLSv1.3	78	Application Data
60	2.877879	192.168.10.8	192.168.10.2	TLSv1.3	78	Application Data

暗号化された
ハンドシェイク

図1.3 Wiresharkによる通常のパケットキャプチャ

TLS 1.3のハンドシェイクでは「Client Hello」「Server Hello」のように名付けられた一連の
メッセージのやり取りが行われます（図1.4）。

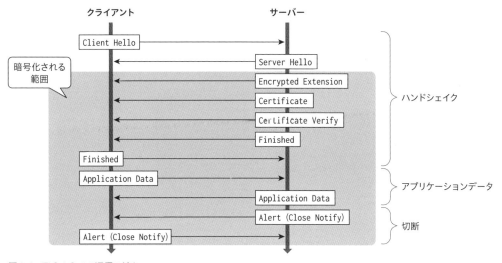

図1.4 TLS 1.3での通信の流れ

この例のように、クライアントとサーバーが「通信相手に対する予備知識なしに」初めてTLS接続を
確立する場合のハンドシェイクはフルハンドシェイクと呼ばれています。フルハンドシェイクは、

- クライアント側から、サポートしている暗号アルゴリズムその他の方式に関する一連の一覧表
を候補として示す
- サーバー側がそれに合意し、それ以後の暗号化メッセージのやり取りのための共通鍵を合意する

という流れとなっています。またその際、ピア認証（サーバー認証／クライアント認証）と呼ばれる、
「通信の相手方が正当な相手であることの確認」を公開鍵証明書を使って行います。

　比較のため、同様の接続をTLS 1.2で実行した場合の通信の流れを図1.5に示します。TLS 1.2ではハンドシェイクの最終部分で暗号化が開始され、ハンドシェイク中は暗号化されません。また、その内容も暗号化方式の合意部分と鍵合意のパラメーターの授受、サーバー認証部分に分かれていて、メッセージの種類も多くなっていました。メッセージの往復回数もTLS 1.3ではほぼ1往復でハンドシェイクを完了できるようになったのに対して、TLS 1.2以前では2往復が必要でした。

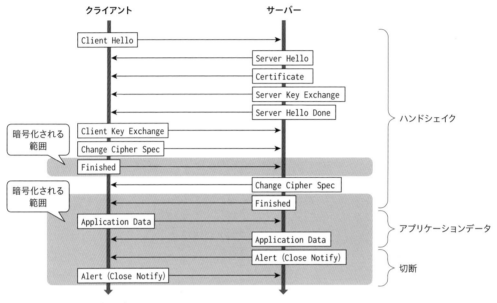

図1.5　TLS 1.2での通信の流れ

　表1.1は、TLS 1.3のハンドシェイクにTLS 1.2までのハンドシェイクメッセージを重ね合わせて、TLS 1.3でどのようにメッセージが整理されたか対応を示しています。

　表からわかるように、TLS 1.2の「Client Hello」と「Server Hello」では暗号スイートと呼ばれる暗号化方式に関して合意するだけで、実際に暗号化に必要な情報は次の「Server Key Exchange」と「Client Key Exchange」で受け渡しを行うようになっていました。TLS 1.3では、古い暗号スイートを廃止・整理したおかげで、これらの情報を「Client Hello」と「Server Hello」の中で一度に受け渡すことが可能になりました。そのおかげで、ハンドシェイクの早い段階から暗号化を開始することができるようになるとともに、中間状態を示す「Server Hello Done」「Change Cipher Spec」のようなメッセージは不要になり、ハンドシェイクの終了を示す「Finished」に統一されてハンドシェイク全体が簡潔に整理されました。

　このようなハンドシェイクの整理が可能となった背景には、従来、鍵合意の方式として静的なRSA公開鍵を利用する方法とディフィー・ヘルマン系をベースとした方法（詳細はChapter 3を参照）の2つが

あったのですが、TLS 1.3では静的RSA方式のセキュリティ上のリスク（完全前方秘匿性）が指摘されるようになり、RSA公開鍵を利用する方法は廃止されたことが挙げられます。それにより鍵合意方式がディフィー・ヘルマン系のみとなったことで、合意すべき暗号スイートも単純化され、整理が可能になったのです。

表1.1　フルハンドシェイクのメッセージまとめ

メッセージ（TLS 1.3）	メッセージ（TLS 1.2以前）	方向	説明	本文参照
Client Hello	Client Hello Client Key Exchange	クライアント→サーバー	TLS接続要求	2.1「フルハンドシェイク」 2.1.2「暗号スイートの合意」 2.1.4「鍵合意」
Server Hello	Server Hello Server Key Exchange	クライアント←サーバー	TLS接続受付	2.1「フルハンドシェイク」 2.1.2「暗号スイートの合意」 2.1.4「鍵合意」
Encrypted Extensions	（なし）	クライアント←サーバー	サーバー補足情報	
Certificate	Certificate	クライアント←サーバー	サーバー証明書	2.1.6「ピア認証」
Certificate Verify	Server Key Exchange	クライアント←サーバー	サーバー証明情報	2.1.6「ピア認証」
Finished	Server Hello Done Change Cipher Spec Finished	クライアント→サーバー	ハンドシェイク完了	
Finished	Change Cipher Spec Finished	クライアント←サーバー	ハンドシェイク完了	
Application Data	Application Data	クライアント→サーバー	アプリケーションデータ	2.4「レコードプロトコル」
Application Data	Application Data	クライアント←サーバー	アプリケーションデータ	2.4「レコードプロトコル」
Alert	Alert	クライアント→サーバー	TLS接続終了	2.5「アラートプロトコル」
Alert	Alert	クライアント←サーバー	TLS接続終了	2.5「アラートプロトコル」

1.3.1　Client Helloメッセージ

　ここからは、TLS 1.3のキャプチャについてもう少し詳しく見ていくことにしましょう。

　TLSプロトコルは、クライアントからサーバーへのClient HelloメッセージによるTLS接続要求で開始されます。このメッセージの中には、接続したいTLSのバージョン（図1.3の場合は「TLSv1.3」としてTLS 1.3が指定されている）、およびクライアントが使用できる暗号スイートの一覧が含まれています。特にTLS 1.3の場合には、残りのハンドシェイク部分から暗号化が可能なように、key_share拡張（詳細はChapter 2を参照）に鍵合意のためのクライアント側のパラメーター一式も含まれています。

> TLS 1.3のClient Helloメッセージにおけるkey_share拡張に相当する内容は、TLS 1.2まではハンドシェイク2往復目のClient Key Exchangeメッセージで送られていました。

　図1.6はClient Helloメッセージの一部を抜き出したものですが、Cipher Suitesにはクライアントがサポートしている暗号スイートのリストが、supported_versions拡張にはサポートしているTLSのバージョン、supported_groups拡張にはサポートしている楕円曲線暗号の曲線の種類やRSAの鍵長などが示されていることがわかります。

```
TLSv1.3 Record Layer: Handshake Protocol: Client Hello
Handshake Protocol: Client Hello
  Cipher Suites (27 suites)                                          サポートする暗号スイート
  Cipher Suite: TLS_AES_128_GCM_SHA256 (0x1301)
  Cipher Suite: TLS_AES_256_GCM_SHA384 (0x1302)
  Cipher Suite: TLS_CHACHA20_POLY1305_SHA256 (0x1303)
  ...
  Extension: key_share (len=71)
  Type: key_share (51)
  Length: 71
  Key Share extension
  Client Key Share Length: 69                                       鍵交換アルゴリズムの
  Key Share Entry: Group: secp256r1, Key Exchange length: 65        候補とクライアント側
  Group: secp256r1 (23)                                             のパラメーター
  Key Exchange Length: 65
  Key Exchange: 04636dc474cfcd3ddfe1f667784............9080fa7dca3136c50…
  Extension: supported_versions (len=7)
  Type: supported_versions (43)
  Length: 5
  Supported Versions length: 4         サポートするTLSバージョン
  Supported Version: TLS 1.3 (0x0304)
  Supported Version: TLS 1.2 (0x0303)
  Extension: supported_groups (len=12)
  Type: supported_groups (10)
  Length: 12
  Supported Groups List Length: 10
  Supported Groups (5 groups)
  Supported Group: secp521r1 (0x0019)   サポートする
  Supported Group: secp384r1 (0x0018)   ・楕円曲線の種類
  Supported Group: secp256r1 (0x0017)   ・ディフィー・ヘルマンの鍵サイズ
  Supported Group: secp224r1 (0x0015)
  Supported Group: ffdhe2048 (0x0100)
```

図1.6　Client Helloメッセージ（部分）

1.3.2 Server Helloメッセージ

クライアントからのClient Helloメッセージに対して、サーバーからはServer Helloメッセージによって接続要求の受け付けが行われます。このメッセージの中には、クライアントが提示した暗号スイートの中からサーバー側が選択したスイートや、鍵合意のためのサーバー側のパラメーター一式などが含まれます。

ここまではTLS 1.2以前とそれほど大きく変わらないのですが、TLS 1.3ではそれらに加えてkey_share拡張として鍵合意に必要なクライアント側の情報が格納されているのが特徴です。これに、対応するServer Helloメッセージのkey_share拡張の情報を合わせることで、この段階で鍵合意が成立して、暗号化が可能となります。これにより、以降のハンドシェイクメッセージは合意した共通鍵によってすべて暗号化されます。

```
Handshake Protocol: Server Hello
    Handshake Type: Server Hello (2)
    Length: 119
Random: 2dd580d4af98f5bdf269917a9e540c4ce8a68397073cae9d5232747e31809e53
    Session ID Length: 0
    Cipher Suite: TLS_AES_128_GCM_SHA256 (0x1301)  合意した暗号スイート
    Compression Method: null (0)
    Extensions Length: 79
    Extension: key_share (len=69)                   合意した鍵交換アルゴリズム
        Type: key_share (51)                        （楕円曲線種別を含む）と
        Length: 69                                  サーバー側のパラメーター
        Key Share extension
            Key Share Entry: Group: secp256r1, Key Exchange length: 65
                Group: secp256r1 (23)
                Key Exchange Length: 65
                Key Exchange:
                04ffd20a0e8c5caff368b165ab21bad95d94b7a1ef390009a90f44f2e5dd3fd6b58124aa…
    Extension: supported_versions (len=2)
        Type: supported_versions (43)
        Length: 2
        Supported Version: TLS 1.3 (0x0304)  合意したTLSバージョン
```

図1.7　Server Helloメッセージ（部分）

 TLS 1.3では、フルハンドシェイクの他に、暗号化に使用する共通鍵を通信の両者が事前に別途合意しておく事前共有鍵（PSK：Pre-Shared Key）のためのハンドシェイクも規定しています。また、いったん安全なセッションを確立したあとに、また第2第3のセッションを確立するためのセッション再開の方式についても規定しています。

フルハンドシェイクの詳細については2.1節で説明します。事前共有鍵（PSK）とセッション再開については2.2節で説明します。

1.3.3　Certificate／Certificate Verifyメッセージ

サーバーからの補足情報が送られたあと、CertificateメッセージとCertificate Verifyメッセージにより「サーバーが正当なサーバーである」ことを示すためのサーバー証明書と検証情報が送られます。そしてこれらを受け取ったクライアント側では、自分の持っているCA証明書を使ってこのサーバーが正当なサーバーであることを確認します。

TLSでは、サーバー認証とクライアント認証の双方向の認証方式について規定していますが、サーバー認証は必須、クライアント認証はオプション（省略可）とされています。そのためこの例では、サーバー認証だけを行っています。

1.3.4　Finishedメッセージ

ここまでの処理が終了すると、両者はFinishedメッセージを送信してハンドシェイクの終了を宣言します。これにより以降はTLS接続が安全に確立したことになります。

1.3.5　Application Dataメッセージ

TLS接続が確立したら、クライアント／サーバー間でアプリケーションデータをやり取りするために、Application Dataメッセージを送受信します。

1.3.6　Alertメッセージ

最後に、TLS接続の終了を示すために、両者はAlert種別が「Close Notify」となるAlertメッセージを送信します。「Alert」というと異常状態を示すように見えますが、種別が「Close Notify」のものはTLSの正常な終了を示します。

 まとめると、TLS 1.3ではそれ以前と比較して以下の点が変更されています。

- ハンドシェイクメッセージが整理され、1往復で終了できるようになった
- Cleint Hello／Server Helloメッセージのあとのハンドシェイクメッセージも暗号化されるようになった
- 鍵合意方式が(EC)DHEのみに整理されたことにより、上記が可能になった

TLSのプロトコル
仕様

　Chapter 2では、TLSを使ったプログラミングのベースとなる「TLSのプロトコル仕様」について説明します。TLSのプロトコル仕様はIETF（Internet Engineering Task Force）のRFC（Requests For Comments）に規定されています。TLS 1.3はRFC 8446とそれから参照される各RFCで規定されています（詳細はChapter 4の表4.1を参照）。

　TLSプロトコルは、安全な接続を確立するためにサーバー／クライアント間でメッセージのやり取りをするハンドシェイク・フェーズと実際のアプリケーションメッセージを送受信するフェーズの2つに分かれます。いずれのフェーズのメッセージも、TLSレコードと呼ばれるレコードで送受信されます。

　ハンドシェイクには、フルハンドシェイクと事前共有鍵（PSK）接続という2つの形式があります。フルハンドシェイクは「通信の相手方に関する前提情報がまったくない」初めての通信を開始するときのためのハンドシェイクです。2.1節では、フルハンドシェイクの形式と内容について説明します。

　PSKは、通信に使用する通信チャンネルとは別の方法を使って、事前に、セッションで使用する鍵を共有してある場合のハンドシェイクです。TLS 1.3では、セッション再開など、以前に安全な通信を確立した際に事前共有鍵を共有しておく場合もこの形式の1つとして扱われ、ハンドシェイクの形式が規定されています。2.2節ではこれらのハンドシェイクの形式について説明します。

　TLS 1.3では、ハンドシェイクが完了したあとについても、アプリケーションメッセージだけでなく、プロトコルにかかわるいくつかの付帯的なメッセージのやり取りを規定しています。2.3節では、それらについて説明します。

　TLSレコードは、ハンドシェイクのためのメッセージや、接続が確立してからのアプリケーションメッセージを送受信するためのレコード形式です。TLSレコードでは、ハンドシェイクで確立したセッション鍵を使用して秘匿性のあるメッセージ通信を実現します。2.4節では、そのレコード形式について解説します。

2.1　フルハンドシェイク

2.1.1　フルハンドシェイクの目的

　1.2節で説明したように、クライアントが初めてサーバーとTLS通信する際には、サーバーは通信相手のクライアントに対し、事前情報なしに安全なTLSセッションを確立する必要があります。これを行うのがフルハンドシェイクです。

　フルハンドシェイクの主な目的は次の3つです。

1. 通信の両者で使用する暗号スイートを合意する
2. セッションで使用する一連の鍵を合意する（鍵合意）
3. 通信相手が正しい相手であり、成りすましがないことを確認する（ピア認証）

ピア認証は、クライアントがサーバーの正当性を認証するサーバー認証と、サーバーがクライアントの正当性を認証するクライアント認証の2つを含みます。Chapter 1でも述べたように、TLSでは、サーバー認証は必須、クライアント認証はオプション（省略可）となっています。

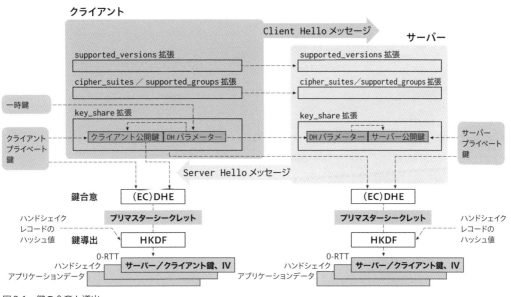

図2.1　鍵の合意と導出

2.1.2 暗号スイートの合意

暗号スイートと鍵の合意は、クライアントからサーバーに最初に送られるClient Helloメッセージと、それに対するサーバーからの応答であるServer Helloメッセージによって行われます。本項ではまず、暗号スイートの合意に関する部分を見ていきます。図2.2はClient Hello／Server Helloメッセージについて、暗号スイートの合意の様子を表したものです。

Client Hello／Server Helloメッセージのレコードには、TLS拡張と呼ばれる、TLSセッションで必要となる各種の属性情報を格納するエリアがあります。暗号スイートの合意のためには次の3つのTLS拡張に情報が格納されます。

13

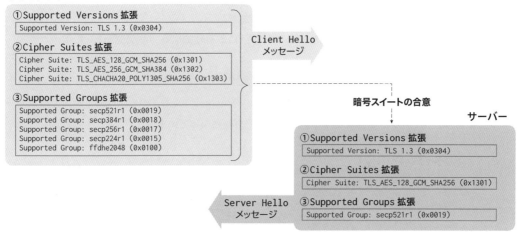

図2.2　暗号スイートの合意

1. supported_versions拡張：サポートするTLSバージョンのリスト
2. cipher_suites拡張：サポートする暗号スイートのリスト
3. supported_groups拡張：サポートする楕円曲線暗号の曲線リスト

Client Helloメッセージの各TLS拡張には、クライアントが持っているそれぞれの選択肢の一覧が示されます。一方、Server Helloメッセージのほうには、クライアントの選択肢に対してサーバーが合意したものが示されます。

TLSハンドシェイクでは通信の両者がこれらにもとづいて次の3つについて合意したうえで、アプリケーションデータの送受信に使用する共通鍵を鍵合意アルゴリズムで求め、実際の暗号通信を行うことになります。

1. TLSバージョンの合意
2. 暗号スイートの合意
3. 鍵交換アルゴリズムとパラメーターの合意

1. TLSバージョンの合意

TLSセッションを確立するためには、まず使用するTLSのバージョンについて合意する必要があります。

TLSでは、ネットワーク上で複数のTLSバージョンのプロトコルが混在できるよう、Client Helloメッセージのsupported_versions拡張として、サポートする複数のバージョンを提示することができ

るようになっています。

それに対し、サーバー側は合意したバージョンに対応する形式のServer Helloメッセージを返します。こうして、以後のハンドシェイクは合意したバージョンの形式で進めることができます。

 TLS 1.3では、それまでのバージョンで再ネゴシエーションを示していたsecure_renegotiationフラグが廃止されました。そのため、TLS 1.3を使用するよう合意した場合は以降すべてのやり取りがTLS 1.3に準拠する必要があります。

なお、TLS 1.3では再ネゴシエーションは認められません。そのため、利用するTLSのバージョンはここで合意する必要があります。クライアントが1.3を含む複数のバージョンを提示した場合、サーバー側がTLS 1.3をサポートするならば必ず1.3で合意し、TLS 1.3のServer Helloメッセージを返す必要があります。またその際、次に返されるClient Helloメッセージに示される暗号スイートリストにTLS 1.3がなければ、ハンドシェイクは強制的に終了します。

また、たとえサーバーがTLS 1.3を含む複数のバージョンをサポートしていても、クライアント側がTLS 1.2以下のみしかサポートしない場合は、サーバー側も「TLS 1.2以下しかサポートしない場合」と等価の動作をすることが認められています。ただし、その場合にはサーバーランダム（2.1.5項参照）の後尾にその旨を示す特定のバイト列を表示します。同様に、クライアント側がTLS 1.3で合意することを期待する場合は、この値が規定の（TLS 1.2以下を示す）値ではないことを確認し、中間者によるダウングレード攻撃を防止します。

表2.1に、クライアントとサーバーそれぞれでサポートするTLSバージョンの組み合わせと、求められる動作についてまとめます。

表2.1　クライアント／サーバーでサポートするTLSバージョンの組み合わせと動作

クライアント		サーバー		動作
TLS 1.2以下	TLS 1.3	TLS 1.2以下	TLS 1.3	
	✓		✓	TLS 1.3セッション
	✓	✓	✓	TLS 1.3セッション
	✓	✓		ハンドシェイクエラー
✓	✓		✓	TLS 1.3セッション
✓	✓	✓	✓	TLS 1.3セッション
✓	✓	✓		TLS 1.2以下セッション
✓			✓	ハンドシェイクエラー
✓		✓	✓	TLS 1.2以下セッション（※）
✓		✓		TLS 1.2以下セッション

※サーバーランダムの後尾に以下の8バイトが追加される
● TLS 1.2の場合：16進表記で「44 4F 57 4E 47 52 44 01」
● TLS 1.1以下の場合：16進表記で「44 4F 57 4E 47 52 44 00」

2. 暗号スイートの合意

次に、使用する暗号スイートについて合意します。

> **Note**
> TLS通信で用いられるハッシュおよび暗号については、Chapter 3で詳しく解説します。個々の名称や用語などがわからない場合は、Chapter 3を読んでから再度本項以降を読み返すことをおすすめします。

TLS 1.2までは、暗号スイートとして、

- 鍵合意
- 署名
- 共通鍵
- ハッシュに関するそれぞれのアルゴリズム

を指定していました。一方、TLS 1.3では、次のように大幅に整理されました。

1. 鍵合意アルゴリズムとしては静的RSAを廃止し、ECDHEとDHEのみとなった
2. 静的RSAが廃止されたため、証明書はピア認証のみに使用することになった。これにより、鍵合意と認証は完全に分離し、独立した扱いが可能となった
3. 危殆化した共通鍵暗号アルゴリズムが大幅に整理され、認証付き暗号（AEAD：Authenticated Encryption with Associated Data）アルゴリズムのみになった。これに伴い、MACによる真正性検証もなくなった

この結果、TLS 1.3の暗号スイートでは共通鍵とハッシュアルゴリズムのみを指定し、その他の必要な項目はTLS拡張で指定するように整理されました。

表2.2　TLSの暗号スイート

バージョン	暗号スイートの構成
TLS 1.2	鍵合意＋署名＋共通鍵＋ハッシュ 例：TLS_ECDHE_ECDSA_WITH_AES_256_GCM_SHA384
TLS 1.3	共通鍵＋ハッシュ 例：TLS_AES_128_GCM_SHA256

　表2.2のように、TLSの暗号スイート表記は、スイートの各フィールドごとのアルゴリズムの種類の組み合わせとなります。そのため、TLS 1.2では数百種類が存在しましたが、TLS 1.3では、大幅に整理さ

れた結果、利用できるものは表2.3に示すものに絞り込まれています。

表2.3　TLS 1.3の暗号スイート

暗号スイート表記	ID
TLS_AES_128_GCM_SHA256	0x1301
TLS_AES_256_GCM_SHA384	0x1302
TLS_CHACHA20_POLY1305_SHA256	0x1303
TLS_AES_128_CCM_SHA256	0x1304
TLS_AES_128_CCM_8_SHA256	0x1305

　TLS 1.2から1.3への暗号スイートの変更と、関連するTLS拡張との関係は、表2.4のようにまとめることができます。

表2.4　TLS 1.2／1.3の暗号スイート項目と、対応するTLS拡張

スイート項目	TLS 1.2	TLS 1.3	関連するTLS拡張、補足
鍵合意	RSA (EC)DH(E)	なし	• supported_groups拡張： 　ECDHで使用できる楕円曲線一覧 　DHの鍵長一覧 • key_share拡張： 　上位2候補までのDHパラメーター
署名	RSA DSA ECDSA	なし	• 署名アルゴリズム拡張： 　ECDSAの楕円曲線とハッシュ一覧 　RSA鍵長、パディング、ハッシュ一覧 • DSAの廃止
共通鍵	多数	AES-GCM AES-CCM(_8) CHACHA20_POLY1305	• 危殆化アルゴリズムを廃止 • AEADのみに
ハッシュ	多数	SHA-256 SHA-384	• MACの廃止 • 鍵導出のハッシュのみ指定

　鍵合意の(EC)DH系の情報は、supported_groups拡張に「ECDHに使用できる楕円曲線種別の一覧」「ディフィー・ヘルマンの場合にサポートする鍵長の一覧」を格納します。この拡張は、TLS 1.2ではElliptic_curves拡張と呼ばれていましたが、TLS 1.3ではディフィー・ヘルマン（DH）の鍵長の指定も含むため名前が変更されました。

　また、key_share拡張には、サポートする(EC)DHのうち上位2候補までの「楕円曲線種別または鍵長」と「対応するDHパラメーター」を格納します。サーバー側でこれにマッチしない場合は、一度だけHello Retry Requestメッセージで次の候補を要求することができます。

　表2.5にsupported_groups拡張の例を示します。ECDHの場合は楕円曲線の種類、DHの場合は鍵長がIDによって定義されます。

表2.5　supported_groups拡張の例

アルゴリズム	表記	ID
ECDH	secp224r1	0x0015
DH	ffdhe2048	0x0100

署名アルゴリズム（signature_algorithms）拡張には、

- ECDSAの楕円曲線とハッシュの組み合わせ一覧
- RSAの鍵長
- パディング
- ハッシュの一覧

を格納します。

　表2.6に署名アルゴリズム拡張の例を示します。RSAの場合はパディングスキームとハッシュ、ECDSAの場合は楕円曲線の種類とハッシュがID値によって定義されます。

表2.6　署名アルゴリズム拡張の例

アルゴリズム	表記	ID
RSA	rsa_pss_pss_sha256 rsa_pkcs1_sha512	0x0809 0x0601
ECDSA	ecdsa_secp256r1_sha256	0x0403

 TLS 1.3では、DSAは廃止されました。

　TLS 1.2では、ハッシュアルゴリズムとして、鍵導出におけるハッシュアルゴリズムとMACにおけるハッシュアルゴリズムを兼用して指定していました。TLS 1.3でMACが廃止されたのに伴い、暗号スイート上のハッシュ表記はHKDF鍵導出のためのハッシュアルゴリズムのみを指定するものとなりました。

　このように、TLS 1.3では不要なものを削除するとともに、本来独立／直交する項目を暗号スイートではなくTLS拡張で定義できるようなりました。そのようにすることで、TLS 1.2では「4項目の組み合わせ」のため非常に多種のスイートができてしまったのに対し、TLS 1.3では暗号スイートに「2項目の組み合わせ」を定義するのみとなり、スイートの種類を大幅に絞り込むことに成功しています。その結果、現在TLS 1.3で定義されているスイートは、表2.7に示す5種類となっています。

表2.7　TLS 1.3で定義されている暗号スイート

暗号スイートの表記	ID
TLS_AES_128_GCM_SHA256	0x1301
TLS_AES_256_GCM_SHA384	0x1302
TLS_CHACHA20_POLY1305_SHA256	0x1303
TLS_AES_128_CCM_SHA256	0x1304
TLS_AES_128_CCM_8_SHA256	0x1305

　ハンドシェイクでは、これらを使ってクライアントとサーバーが暗号スイートの種類を合意します。

3. 鍵交換アルゴリズムとパラメーターの合意

暗号スイートを合意したら、次に、supported_groups拡張で示される楕円曲線の種類を合意します。TLSバージョンとしてTLS 1.3を合意していれば、TLS 1.3の暗号スイートとkey_share拡張に示されるDHパラメーターを合意することで、その後のハンドシェイクメッセージで暗号化を開始できるようにします。

その際、クライアントから示されるものに合意できるものがなければ、サーバーは再度のClient Hello要求（Hello Retry Request）メッセージを1回だけ発行することができます。

TLSバージョンと暗号スイートに合意したら、サーバーはkey_share拡張に示されるDHパラメーターとクライアントのディフィー・ヘルマン（DH）公開鍵を受け取ります。そしてクライアントに対して、Server Helloメッセージでサーバーのディフィー・ヘルマン公開鍵を返します。これにより、両者それぞれで、プリマスターシークレット（Pre-Master Secret、通信に使用する各種共通鍵の元になる整数値）とHKDFを用いて、セッションで使用する鍵を導出できるようになります（鍵導出の詳細は3.5節参照）。

key_share拡張にはディフィー・ヘルマン（楕円曲線DHを含む）鍵合意のためのDHパラメーターとクライアント側のディフィー・ヘルマン公開鍵を格納します。他にも、key_share拡張には複数の候補を含むことができます。

> **Note** TLS 1.3では、それ以前と比較して以下の点が変更されています。
>
> - supported_versions拡張が設けられ、使用するTLSのバージョンをリストできるようになった
> - それに伴い、TLSレコードやClient Helloメッセージのバージョン情報が不要になった
> - 鍵合意に静的RSAが廃止され、ディフィー・ヘルマン系だけに統一された
> - 共通鍵アルゴリズム、ハッシュに関しても危殆化したものが大幅に整理され、AEADのみとなった
> - これにより暗号スイートの表記も単純化され、種類も大幅に整理された

2.1.3 Hello Retry Requestメッセージ

先述のように、クライアント側が提示したkey_share拡張のリストに対してサーバー側が合意できない場合は、クライアントに対して1回だけ別の候補を要求することができます（Hello Retry Requestメッセージ）。

これに対して、クライアント側は2回目のClient Helloメッセージを送り、新しい候補を示します。もしサーバー側がこれに合意できない場合は、ハンドシェイクを中断します。一方、提示されたリストに合意できるものがあれば、各項目の合意する内容をServer Helloメッセージで返します。

2.1.4　鍵合意

　ここまでで、TLSバージョン、暗号スイート、またディフィー・ヘルマンのグループといった詳細まで両者の間で合意できたので、ここからは、実際にアプリケーションデータの送受信に使用する共通鍵を得るための「鍵合意」のプロセスに入ります。TLS 1.3ではこの部分もClient Hello／Server Helloメッセージによって行われます。

　TLS 1.3では鍵合意に関する情報は暗号スイートから分離されました。そのため、ECDHEに使用できる楕円曲線の種類は、別途supported_groups拡張を使って示します。supported_groups拡張には、標準的な楕円曲線の種別IDに加え、DHE向けに鍵長を示すIDが定義されています（Group）。

> **Note**
> TLS 1.2までは、このTLS拡張は楕円曲線（Elliptic Curves）拡張と呼ばれていましたがDHE向けの情報も入ることがありsupported_groupsと名称が変更されました（ただし、TLS拡張IDとしては同じ値「10」が引き継がれています）。
> また、TLS 1.2の楕円曲線拡張はピア認証の際の証明書に使われる楕円曲線のリストと兼用となっていました。TLS 1.3ではその用途は署名アルゴリズム（signature_algorithms）拡張として明確に分離されました。署名アルゴリズム拡張については、2.1.6項で説明します。

　表2.8にsupported_groups拡張で使用される主なGroupとIDの一覧を示します。

表2.8　GroupとIDの一覧

種別	ID	SECG	NIST	TSL 1.2以前	TLS 1.3
ECDHE	19	secp192r1	NIST P-192	✓	
	21	secp224r1	NIST P-224	✓	
	23	secp256r1	NIST P-256	✓	✓
	24	secp384r1	NIST P-384	✓	✓
	25	secp521r1	NIST P-521	✓	✓
	29	x25519			✓
	30	x448			✓
DHE	256	ffdhe2048			✓
	257	ffdhe3072			✓
	258	ffdhe4096			✓
	259	ffdhe6144			✓
	260	ffdhe8192			✓

　Server Helloメッセージのkey_share拡張には、ここまでの暗号スイート合意情報に加えてサーバー側のDH公開鍵も格納されます。それらを受け取った両者は、自分の生成した秘密鍵とあわせてディフィー・ヘルマンアルゴリズムによってプリマスターシークレットを算出することができます。な

お、先述のようにTLS 1.3では鍵合意にはすべてディフィー・ヘルマン系のアルゴリズムが使用されます。鍵合意およびディフィー・ヘルマンアルゴリズムについては3.6節で説明します。

TLS 1.3ではこのように、Client HelloメッセージとServer Helloメッセージという1往復のやり取りでセッション鍵の導出まで完了しますが、TLS 1.2以前では2往復を要していました。というのもTLS 1.2以前では、Client HelloメッセージとServer Helloメッセージでは暗号スイートの合意までしか行わず、鍵合意のためのサーバー鍵およびクライアント鍵は次のServer Key ExchangeメッセージとClient Key Exchangeメッセージによって交換されるためです。

TLS 1.3では、レコードのやり取りが減っただけではなく、ハンドシェイクの最初でセッション鍵が導出できるので、それ以降のハンドシェイクを秘匿することが可能となり安全性も高まっています。このようなことが可能になったのも、鍵合意アルゴリズムとしてディフィー・ヘルマン系のみに絞られたことによります。

2.1.5 鍵導出

TLSでは、プリマスターシークレット値をもとに、鍵導出アルゴリズムによってその後の共通鍵暗号による暗号化／復号のための鍵とIV（初期化ベクトル）を導出します。

TLS 1.2までは、プリマスターシークレットの値、Client Helloメッセージで送られるクライアントランダム値、そしてServer Helloメッセージで送られるサーバーランダム値を合わせて、PRF（Pseudo-Random Function）と呼ばれる疑似乱数生成アルゴリズムによってマスターシークレット値を作り、それをもとに目的別の鍵とHMAC鍵値を導出していました。

クライアントランダム／サーバーランダムは、それぞれクライアントとサーバーでセッションごとに生成する28バイトの乱数値であり[1]、Client Hello／Server Helloメッセージによって相手側に送られる値です。これらは、通信の第三者（攻撃者）がハンドシェイクメッセージの一部を組み合わせることでプリマスターシークレットを盗み、セッションで使う鍵を簡単に導出することができないようにするためのものでした。

しかし、TLS 1.2世代の中頃にはこの導出方法でも攻撃者がマスターシークレットを推測しうる危険性が指摘され、拡張マスターシークレット（Extended Master Secret、RFC 7627）が新たに定義されました。拡張マスターシークレットでは、PRFの入力にクライアントランダムとサーバーランダムではなく、ハンドシェイクメッセージ全体のハッシュ値が使用されます。ハッシュの対象にはClient HelloメッセージとServer Helloメッセージに含まれるクライアントランダムとサーバーランダムも含まれるので、ハンドシェイクメッセージ全体を捕捉しない限り、攻撃者にとって従来よりさらに導出が難しくなったことになります。

---

[1] 初期には、値のユニーク性を担保するために先頭4バイトに実時間を入れていましたが、最近は多くの場合28バイト全体を乱数値としています。

21

　TLS 1.3では、導出関数としてHMAC-SHA256ベースの鍵導出アルゴリズムであるHKDF（HMAC Key Derivation Function、RFC 5869）が採用されています。これにより、目的別のさまざまな鍵を導出できるようになりました。なお、TLS 1.2までのHMAC鍵は、TLS 1.3において共通鍵暗号がAEAD方式のみに絞られて不要となったため、廃止されました。

　鍵およびIVは、送信元（サーバー側／クライアント側）によって異なる値が導出されます。また、TLS 1.3では鍵はアプリケーションデータの暗号化だけではなく、ハンドシェイク中、0-RTTなどの用途にも使われるようになりました。そのため、それぞれの用途によって異なる値を導出してセッション鍵とすることで、安全性をさらに高めています。

　表2.9はプリマスターシークレットから目的別鍵を導出するためのHKDFへの入力値をまとめたものです。HKDFの入力はプリマスターシークレット、鍵のラベル（文字列）、ハンドシェイクメッセージのハッシュ値の3つです。

　0-RTTのプリマスターシークレットはPSKの鍵値をHKDFの入力として求めるEarly Secret値です。次のハンドシェイクの入力プリマスターシークレットはEarly Secretを入力とするHKDFで求めたHandshake Secretです。一方、アプリケーションデータの入力プリマスターシークレットは、それらとは独立に0をHKDFの入力として求めたMaster Secretです。

表2.9　TLS 1.3における鍵導出スケジュール

用途	入力	導出関数	入力シークレット	ラベル	メッセージ	出力（生成シークレットまたは導出される鍵）
0-RTT	PSK	HKDF-Extract	0	−	−	Early Secret
	−	HKDF-Expand	Early Secret	"ext binder"、"res binder"	−	binder_key
	−	HKDF-Expand	Early Secret	"e exp master"	Client Hello	early_exporter_master_secret
	−	HKDF-Expand	Early Secret	"c exp master"	Client Hello	client_early_traffic_secret
ハンドシェイク	(EC)DHE	HKDF-Extract	Early Secret	"derived"	−	Handshake Secret
	−	HKDF-Expand	Handshake Secret	"c hs traffic"	Client Hello〜Server Hello	client_handshake_traffic_secret
	−	HKDF-Expand	Handshake Secret	"s hs traffic"	Client Hello〜Server Hello	server_handshake_traffic_secret
アプリケーションデータ	0	HKDF-Extract	Handshake Secret	"derived"	−	Master Secret
	−	HKDF-Expand	Master Secret	"c ap traffic"	Client Hello〜Server Finished	client_application_traffic_secret_0
	−	HKDF-Expand	Master Secret	"s ap traffic"	Client Hello〜Server Finished	server_application_traffic_secret_0
	−	HKDF-Expand	Master Secret	"exp master"	Client Hello〜Server Finished	exporter_master_secret
	−	HKDF-Expand	Master Secret	"res master"	Client Hello〜Server Finished	resumption_master_secret

> **Note** TLS 1.3では、それ以前と比較して以下の点が変更されています。
>
> ● Client Helloメッセージのkey_share拡張に合意できない場合のリトライとしてHello Retryメッセージが設けられた
> ● 鍵合意に使われるディフィー・ヘルマン系のアルゴリズムも、DHEまたはECDHEの一時鍵（Ephemeral）のみとなった
> ● 鍵導出には、PKFからHMACベースのHKDFに変更された

2.1.6　ピア認証

ハンドシェイクの主要目的として、ピア認証（クライアントによるサーバー認証／サーバーによるクライアント認証）も挙げられます。

先述のように、TLSにおいてサーバー認証は必須、クライアント認証はオプション（省略可）ですが、もしサーバー側がクライアント認証を要求した場合は、クライアント側は必ずそれに応答する必要があります。

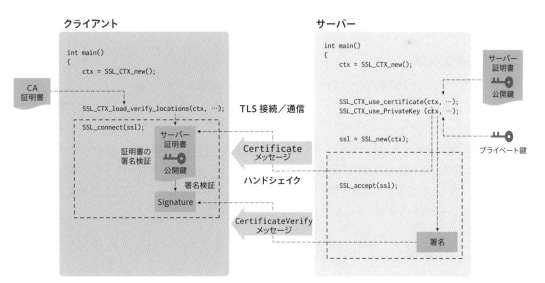

図2.3　サーバー認証のプログラムとプロトコル

図2.3は、クライアントおよびサーバープログラムと、サーバー認証に使用される証明書や鍵、またプロトコルとの関係を示しています。図に示すように、クライアント側では、サーバー認証のためにあらかじめ信頼するCA（認証局）の証明書をロードしておきます。一方、サーバー側では、CAによって署名されたサーバー証明書とプライベート鍵をロードしておきます。

TLSのプロトコル仕様

　ハンドシェイクでは、サーバー側はロードされたサーバー証明書をCertificateメッセージによりクライアントに送信します。また、それに対応するプライベート鍵によって作成した署名をCertificate Verifyメッセージにより送信します。

　その際、TLS 1.3では署名対象に次のコンポーネントをつなぎ合わせたものを使います。署名対象にはすべてのハンドシェイクメッセージの内容に対するハッシュ値が含まれており、攻撃者はプライベート鍵を知る必要があり、かつ該当セッションのハンドシェイクメッセージの内容を知らないと署名を正しく生成できないことにもなります。

- 固定値：64バイトの0x20
- コンテクスト文字列：「TLS 1.3, client CertificateVerify」
- セパレーター：00
- Client Helloからここまでに送られたすべてのハンドシェイクメッセージに対する32バイトのSHA-256ハッシュ値

　一方、受け取ったクライアント側は、証明書の有効期限のチェックなどを行うともに、ロードされたCA証明書を使い、送られてきた証明書の真正性を検証したうえで、格納されている公開鍵によって送られてきた署名を検証します。

証明書チェーン

　現実の運用では、CAが階層化されていて、サーバー証明書に署名するCAが「信頼するCA」ではなく、その下位に属する中間CAであるケースも多々あります。また、その中間CA自身も「信頼するCA」の直接の下位CAではなく、さらに中間CAが存在する場合もあります。

　そのような場合、サーバーは、サーバー証明書だけではなく中間CAの証明書も含めてチェーン証明書としてクライアントに送信します。チェーン証明書を受け取ったクライアントは、サーバー証明書をその上位の中間CAの証明書に含まれている公開鍵で検証し、自分の保持している「信頼するCA」の証明書までチェーンがつながることを確認します。

クライアント認証

　クライアント認証では、これとほぼ同じことをクライアントとサーバーを対称にした形で行います。ただしクライアント認証のほうはオプション（省略可）なので、必要に応じてサーバー側がクライアントに認証要求（Certificate Request）メッセージを送信します。

　TLS 1.2までのピア認証プロトコルでは、サーバー側から送られる署名がServer Key Exchangeメッセージに格納されるなど、プロトコル上、一部対称でない部分がありました。しかしTLS 1.3では、上記のように「認証する側」と「認証される側」で対称となるように整理されました。

📖 署名アルゴリズム拡張

　ピア認証において、署名に使用可能なアルゴリズムの組み合わせ（スキーム）の一覧は署名アルゴリズム（signature_algorithms）拡張に格納されます。TLSでは、署名はCertificate VerifyメッセージとCertificateメッセージで送られる証明書の2つで使われます。どちらのスキームも同じ場合は署名アルゴリズム拡張のみを使用しますが、両者が異なる場合には証明書署名アルゴリズム（signature_algorithms_cert）拡張により証明書に使用可能なスキーム一覧を示し、Certificate Verifyメッセージに使用可能なスキーム一覧は署名アルゴリズム拡張により示されます。

　署名スキームは、ハッシュアルゴリズムとそれに署名するための公開鍵アルゴリズムで規定されます。TLS 1.3では、署名部分にはRSAとECDSAが標準として定義されています。

　表2.10にTLS 1.3で使用できる署名スキームの一覧を示します。

表2.10　TLS 1.3で使用できる署名スキーム一覧

拡張タイプ	概要	RFC	拡張が含まれるTLSメッセージ
server_name（SNI）	セッション再開時の照合要素として利用	6066	Client Hello、Encrypted Extensions
max_fragment_length	メッセージの最大フラグメントサイズ	6666	Client Hello、Encrypted Extensions
status_request	OCSP証明書ステータスを要求	6666	Client Hello、Certificate Request、Certificate
supported_groups	使用したい鍵交換スキームリスト	8422 7919	Client Hello、Encrypted Extensions
signature_algorithms	署名アルゴリズム	8446	Client Hello、Certificate Request
signature_algorithms_cert	証明書の署名アルゴリズム	8446	Client Hello、Certificate Request
use_srtp	SRTPプロファイルのリスト	5764	Client Hello、Encrypted Extensions
heartbeat	ハートビートの送信モードの提示	6520	Client Hello、Encrypted Extensions
application_layer_protocol_negotiation	ALPNサポートプロトコル名のリスト	7301	Client Hello、Encrypted Extensions
signed_certificate_timestamp	OCSP証明書ステータスのタイムスタンプ	6962	Client Hello、Certificate Request、Certificate
client_certificate_type	クライアント証明書フォーマット	7250	Client Hello、Encrypted Extensions
server_certificate_type	サーバー証明書フォーマット	7250	Client Hello、Encrypted Extensions
padding	パディング拡張	7685	Client Hello
psk_key_exchange_modes	PSKのみ／鍵交換付きPSKの提示	8446	Client Hello
pre_shared_key	PSK拡張	8446	Client Hello、Server Hello
early_data	EarlyData拡張	8446	Client Hello、Encrypted Extensions、New Session Ticket
supported_versions	サポートしているTLSバージョン	8446	Client Hello、Server Hello、Hello Retry Request
cookie	Client Helloリトライクッキー	8446	Client Hello、Hello Retry Request
certificate_authorities	サポートしているCAリスト	8446	Client Hello、Certificate Request
oid_filters	証明書拡張OIDと値の組	8446	Certificate Request
post_handshake_auth	サーバーに対してポストハンドシェイク認証を許可	8446	Client Hello
key_share	鍵交換スキーム用パラメーターのリスト	8446	Client Hello、Server Hello、Hello Retry Request

　これに加え、RSAの場合はパディング方式も定義します。TLS 1.3では`Certificate Verify`メッセージのパディングスキームとしてはPSSが必須となりました。またECDSAの場合、楕円曲線の種類もここで規定します。ハッシュとしてはSHA-1またはSHA-2が使用されます。

TLS 1.3では、それ以前と比較して以下の点が変更されています。

● ピア認証を行うためのメッセージは、サーバー認証／クライアント認証ともに、`Certificate`（証明書）と`Certificate Verify`（署名）の2種類としてほぼ対称的に整理された
● これによって`Server Key Exchange`メッセージは廃止された
● 証明書ステータスのOCSPはクライアント／サーバーの双方が要求できるように対称的に整理された

X.509のRSAパディングに関するOID（Object ID）としてはrsaEncryptionとRSASSA-PSSの2つがあります。

rsaEncryptionが公開鍵に用いられた場合、その公開鍵で署名する際のパディングについては規定していません。なお、rsa_pss_rsaeでこの種の公開鍵を受け取った場合にはCertificate Verify中にPSSパディングで署名します。

一方、RSASSA-PSSの公開鍵はPSSパディングに限定されます。rsa_pss_pssではRSASSA-PSS公開鍵を受け取り、PSSパディングで署名します。

表2.11　署名アルゴリズム一覧

アルゴリズム	署名スキーム	ID
RSASSA PKCS #1 v1.5	rsa_pcks1_sha256	0x0401
	rsa_pcks1_sha384	0x0501
	rsa_pcks1_sha512	0x0601
RSASSA-PSS pub-key OID rsaEncryption	rsa_pss_rsae_sha256	0x0804
	rsa_pss_rsae_sha384	0x0805
	rsa_pss_rsae_sha256	0x0806
RSASSA-PSS pub-key OID RSASSA-PSS	rsa_pss_pss_sha256	0x0809
	rsa_pss_pss_sha384	0x080a
	rsa_pss_pss_sha512	0x080b
ECDSA	ecdsa_secp256r1	0x0403
	ecdsa_secp384r1	0x0503
	ecdsa_secp521r1	0x0603
EdDSA	ed25519	0x0807
	ed448	0x0808

2.1.7　証明書ステータス情報：OCSP Stapling

公開鍵証明書は、秘密鍵の流出など不測の事態への対応として、有効期限内であっても失効させることができます。そのため、受け取り側は受け取った証明書の有効性についても確認する必要があります。

証明書の有効性情報の入手は当初CRLやOCSP（Online Certificate Status Protocol）のような、TLSハンドシェイクのスコープの外でクライアントとCA（ないしはCAを代理するOCSPレスポンダー）間のやり取りで実現されていました。しかし、その後改版されたOCSP Staplingでは、ハンドシェイクの一部としてTLS拡張に取り込まれ、TLS 1.3でそれらが整理されて現在に至っています。

OCSP Stapling では、ピア認証される側（サーバー認証の場合はサーバー側）で、証明書と同時に証明書の有効性情報をOCSPレスポンダーから取得しておきます。そのため、認証する側（サーバー認証の場合クライアント側）はTLSセッションを確立しようとしている相手側とのハンドシェイクのみ有効性の確認をすることができます。

また、認証される側は複数の認証要求を束ねて（Binding）OCSPレスポンダーに要求を出せるので、レスポンダーにとってもトラフィックを大幅に削減できるというメリットがあります。

TLS 1.3では、ピア認証プロトコルはサーバー認証／クライアント認証でほぼ対称になるように整理されました。これに伴い、OCSP状態確認要求もどちらの認証にも要求できるようになりました。サーバー認証の場合は`Client Hello`メッセージに`OCSP_status_request`拡張を、クライアント認証の場合は`Certificate Request`メッセージに`status_request`拡張を載せて要求を出します。

OCSPからの有効性情報は証明書チェーンの証明書と対応しており、それぞれの`CertifycateEntry`の中に署名されたOCSPレスポンスが返されます。このときタイムスタンプも一緒に返されるので、認証する側はステータス情報の鮮度を確認することができます。

> **Note**　OCSP／OCSP Staplingについては、3.9.2項も参照してください。

2.1.8　その他のTLS拡張

他にも、現実のネットワーク通信で必要となるさまざまな要件を満たすための、目的別のTLS拡張が設けられています。本項では主要なTLS拡張について説明します。

▣ サーバー名表示（SNI：Server Name Indication）

初期のインターネットでは、通信の送受信の端点である物理的なサーバーとIPアドレスは1対1で対応しており、TCPやTLSによる通信もそれを前提とした端点間の接続を前提としていました。しかし、

TLSのプロトコル仕様

仮想化技術などの進歩によって、物理的な端点であるIPアドレスが必ずしも目的とする通信相手の単位と一致しないケースが多々出てくるようになってきました。それを解決するために、目的とする論理的な通信相手を示すためのSNI拡張が設けられました。

クライアントはTLS接続したい論理的なサーバーのサーバー名を Client Hello メッセージのSNI拡張に格納します。サーバーはSNI拡張に自分のサーバー名が示された場合のみに応答し、自分のサーバー証明書を返信します。これによって、クライアントはサーバー認証を、論理的なサーバー名を持つサーバーごとに区別して行うことができます。なお、SNI機能が成立するためには、クライアント／サーバーの双方がSNI拡張に対応している必要があります。

Maximum Fragment Length Negotiation

ネットワーク上につながる通信ノードは、メモリを潤沢に搭載したマシンだけとは限りません。IoTデバイスのように小型の組み込み機器では、通信に使用できるメモリ容量が限定されていることも多々あります。

そのような場合、問題点の1つは暗号化されたTLSレコードのサイズです。TLSでは送信しようとするアプリケーションデータのサイズが大きい場合、TLSのレコードとしては最大16キロバイトごとに分割して送信することになっています（Maximum Fragment Length）。しかし、小型の組み込み機器などではさらに小さなレコードに分割しなければならないような場合、TLS通信を開始しようとするクライアントは希望する最大レコードサイズを max_fragment_length 拡張に表示し、サーバーがこれを受け入れた場合には、そのサイズを最大レコードサイズとする通信が行われます。

Certificate Status Request

先述のように、OCSP Staplingはピア認証のための証明書の有効性チェックをオンラインで行うためのプロトコルです。Certificate Status Request拡張は、TLS接続の相手方に対してOCSP（Online Certificate Status Protocol）staplingを要求するための拡張です。

ALPN : Application-Layer Protocol Negotiation

ALPN拡張は、TLS接続上で利用するアプリケーション層のプロトコルをあらかじめ示しておくための拡張です。本来、インターネットプロトコルの階層はそれぞれ独立しているのが原則ですが、ALPN拡張は、TLS接続後のアプリケーション層におけるネゴシエーションのための余分なハンドシェイクを回避するために設けられました。現状、SPDY（HTTPをもとにした通信プロトコル）やHTTP/2などで利用されています。

その他

その他、TLS 1.3では、TLS 1.2まで利用されていたいくつかのTLS拡張が整理されました。

extended_master_secret拡張は、TLS 1.2の時代に認識された脆弱性に対処するために設けられた拡張です。マスターシークレットを算出するための要素の1つである「ハッシュ値」を求める範囲を、

主なTLS拡張一覧

主なTLS拡張の一覧を表2.12に示します。

表2.12　主なTLS拡張の一覧

値	名前	説明	RFC	Client Hello	Server Hello	CertificateRequest	Certificate	Encrypted Extension	Hello Retry Request	New Session Ticket
0	server_name	SNI（サーバ名表示）	6066	✓					✓	
1	max_fragment_length	メッセージの最大フラグメントサイズ	6066 8449	✓					✓	
5	status_request	OCSPレスポンスを要求	6960	✓			✓	✓		
10	supported_groups	(EC)DHのための楕円曲線スキーム	8422 7919	✓					✓	
13	signature_algorithms	署名アルゴリズム	8446	✓			✓			
14	use_srtp	DTLS/SRTPプロファイルのリスト	5764	✓					✓	
15	heartbeat	ハートビートの送信モード	6520	✓					✓	
16	application_layer_protocol_negotiation	ALPNサポートプロトコル名リスト	7301	✓					✓	
18	signed_certificate_timestamp	OCSP証明書ステータスのタイムスタンプ	6962	✓			✓	✓		
19	client_certificate_type	クライアント証明書フォーマット	7250	✓					✓	
20	server_certificate_type	サーバー証明書フォーマット	7250	✓					✓	
21	padding	パディング	7685	✓						
41	pre_shared_key	PSK（事前共有鍵）	8446	✓	✓					
42	early_data	Early Data	8446	✓					✓	
43	supported_versions	クライアントがサポートするTLSバージョン	8446	✓	✓					✓
44	cookie	Client Helloリトライクッキー	8446	✓						✓
45	psk_key_exchange_modes	鍵交換付きPSKの提示	8446	✓						
47	certificate_authorities	サポートするCAリスト	8446	✓		✓				
48	oid_filters	証明書拡張OIDと値の組	8446			✓				
49	post_handshake_auth	ポストハンドシェイク認証	8446	✓						
51	key_share	各鍵交換スキーム用パラメーター	8446	✓	✓					✓

TLSのプロトコル仕様

通信の最初の部分である`Client Hello`メッセージにまで拡張することを示します。TLS 1.3では、このハッシュ範囲の拡張が必須となったため、TLS拡張としては廃止されました。

　`encrypt_then_mac`拡張は、TLSレコードのMAC値を求める際、データを暗号化してからMAC値を求めることを示すものです。また、Truncated HMAC拡張はMAC値として通常よりも短いビット数の値を使用するためのものです。TLS 1.3ではMAC値による真正性チェックはAEADによる共通鍵暗号にゆだねられるためこれらのTLS拡張は廃止されました（Chapter 5参照）。

　Compression Methods拡張は、アプリケーションデータの圧縮方式を示すための拡張でしたが、圧縮されたデータの規則性が脆弱性の原因となるリスクがあるためTLS 1.3ではプロトコルとしてのデータ圧縮は廃止されました。`ec_point_formats`拡張も楕円曲線暗号の鍵情報の圧縮方式を示す拡張ですが、同様の理由で廃止されました。

2.2　事前共有鍵とセッション再開

2.2.1　事前共有鍵（PSK）

PSKプログラム

　事前共有鍵（PSK：Pre-Shared Key）を利用すると、通信する両者が別途何らかの方法で鍵を合意しておけば、それを利用してTLS接続を確立することができます。つまり、PSKを使用することでハンドシェイクを簡略化することが可能になります。

　両者間で事前に共有されるのは「鍵とIDのペア」であり、ペアは1つだけでなく複数共有することも可能です。そして、クライアントはハンドシェイク冒頭の`Client Hello`メッセージで、セッションで使用したい鍵のIDをサーバー側に伝えます。サーバー側ではこのIDに対応する鍵を事前に共有している鍵の中から選び、セッションの確立に使用します。なお、事前に1つの鍵しか共有していない場合はIDを省略することもできますが、いずれにせよ、ハンドシェイクではIDのみが伝えられ、鍵そのものがネットワーク上に送信されることはありません（図2.4）。

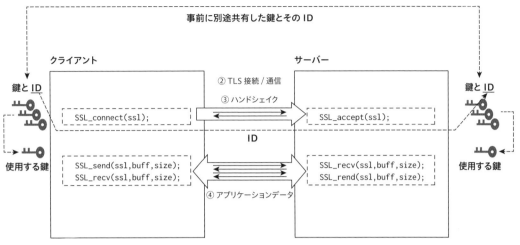

図2.4　事前共有鍵とプログラム

　プログラム上では、TLSプロトコルを共通に取り扱うライブラリから、PSKに使用する「鍵とID」を管理する部分を切り離すために、PSKコールバック関数を定義してライブラリに登録できるようになっています。TLSのコンテクストを確保したあと、そのコンテクストにコールバック関数を登録することで、以降ライブラリはフルハンドシェイクではなくPSKによる接続を実行し、ハンドシェイク開始時に登録したコールバック関数を呼び出します。

　クライアント側のコールバック関数では、使用したい鍵のIDとその鍵の値を引数に渡します。それらを受け取ったライブラリは、IDを Client Hello の pre_shared_key 拡張に格納してサーバー側に送信します。受け取ったサーバー側では、同じように登録されたサーバー側のPSKコールバック関数の引数にIDを渡し、コールバック関数はそのIDから該当する鍵を探して、その値を返します。

📖 PSKプロトコル

　TLS 1.3のPSKでは、IDで示された事前共有鍵をそのまま使用することも可能です（図2.5）。しかし、その鍵を利用してフルハンドシェイクの場合と同様の鍵合意を行い、それをセッション鍵として使用するようなモードも用意されています。

　事前に共有した鍵をそのまま使用し続けてしまうと、いったんセッション鍵が破られた場合に以前のセッションにさかのぼってすべてのセッションの秘匿性が崩壊する、いわゆる前方秘匿性リスクを招いてしまいます。そのリスクを回避するために、TLS 1.3からはPSK鍵を使ってさらにディフィー・ヘルマンによる鍵合意をすることが推奨されています。

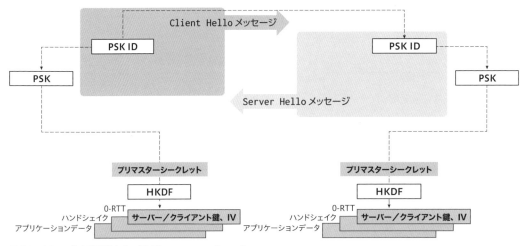

図2.5　PSK：前方秘匿性なし（非ディフィー・ヘルマン）

　この場合、図2.5に示すように、クライアントプログラムでSSL_connect()関数が呼ばれるとPSKの
ハンドシェイクが開始されます。デフォルトでは、クライアントとサーバーで使用するPSKが確定した
ら、それを使ってディフィー・ヘルマンによる鍵合意も行えるように、Client HelloにはPre_
shared_key拡張の鍵IDとともに、key_share拡張内にDHパラメーターとクライアント側のディ
フィー・ヘルマン公開鍵が格納されます。同様にサーバー側もkey_share拡張にサーバー側のディ
フィー・ヘルマン公開鍵を返します。

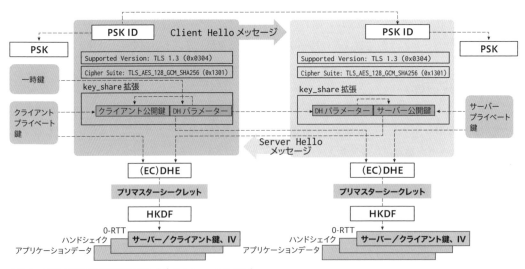

図2.6　PSK：完全前方秘匿性あり（ディフィー・ヘルマン）

　クライアント／サーバーの双方がディフィー・ヘルマンによる鍵合意を行わないことに合意している場合は、PSKの鍵をそのまま使用することになります。プログラム上でTLSコンテクストを確保したあと、あらかじめそのコンテクストに対して指示しておくことで、ライブラリをそのように動作させることができます（wolfSSLでは`wolfSSL_CTX_no_dhe_psk()`関数）。

2.2.2 セッション再開

　TLS 1.3では、セッション再開はPSKの拡張として整理されており、再開時のプロトコルはPSKプロトコル利用の一方法として位置付けられています。

　再開時のPSK鍵には、以前に確立したTLSセッションで交換しておいたセッションチケットを使用します。サーバー側は安全なTLSセッションが確立したあと、ポストハンドシェイクメッセージの1つとしてセッションチケットをクライアントに送ることができます。クライアント側では、送られてきたセッションチケットをセッション再開時に使用します。

　セッションチケットには、現在確立しているTLSセッションのプリマスターシークレットからHKDFによって導出されたセッション再開シークレットを使います。サーバーはこのシークレットのチケットを適切に暗号化して新しいセッションチケットメッセージでクライアント側に送ります。チケットを受け取ったクライアントは現在のプリマスターシークレットから導出されるセッション再開シークレットと受け取ったチケットを関連づけて、そのペアをセッションキャッシュとして保存しておきます。

　セッション再開時、クライアントは先に受け取ったセッションチケットをPSK Identityとして、セッション再開をサーバーに要求します。セッションチケットの内容は以前に暗号化して引き渡したセッション再開シークレットなので、サーバー側はこれを復号し、HKDF鍵導出によりPSK値を導出します。クライアント側も同様にHKDFによりPSK値を導出します。

　なおディフィー・ヘルマン鍵交換が指定されている場合は、`key_share`拡張に指定されているパラメーターを使って鍵交換を行います。

　図2.7にTLS 1.3のセッションチケットと、再開時に使用されるPSKの関連を示します。

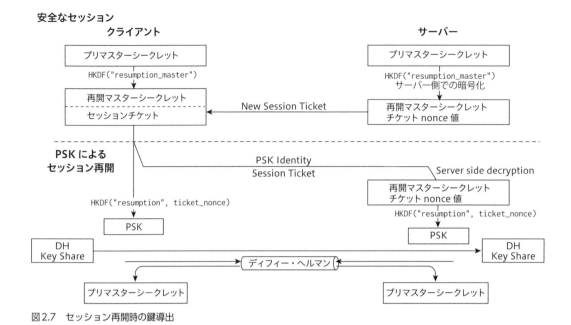

図2.7　セッション再開時の鍵導出

　このような仕組みにより、TLS 1.3のセッション再開ではサーバー側でセッションの状態を保持する必要がなく、また、クライアント側もチケットの内容について感知することなく、受け取ったチケットをそのままPSK Identityに指定すればよいのです。

 TLS 1.2以前では、セッション再開のためにはセッションIDによる方法とセッションチケットによる方法の2つがありました。セッションID方式では、クライアントがClient Helloメッセージの空のセッションID拡張でセッションIDを要求すると、サーバー側は対応するセッションID値をServer HelloメッセージのセッションID拡張により返します。クライアントが再開要求をする際には、このセッションIDを使用します。セッションチケットもClient Helloメッセージのセッションチケット拡張によってチケットを要求、ハンドシェイク最後尾のセッションチケットレコードにより入手し、再開時のClient Helloメッセージでそれを使用します。
セッションIDによるセッション再開はサーバー側でそのステータスを何らかの形で保持する必要があり、サーバーに負担をかけることになります。チケットの場合は、再開時に必要な情報はすべてチケット内に含まれているため、その点ではサーバー側の負担が増加しません。
しかしTLS 1.3では、それまでのセッションIDおよびセッションチケットは廃止されました。TLS 1.3でもセッションチケットと呼ばれる「サーバー側でセッション状態を保持する必要がない」方式が定義されていますが、後述のようにTLS 1.2以前のものとは方式が異なります。

TLS 1.3のセッション再開では、セッションチケットを送付するか否かはサーバー側が決定します。サーバーからクライアントへのセッションチケットは、ハンドシェイク後メッセージの1つである新しいセッションチケット（New Session Ticket）メッセージで送られます。これによりハンドシェイク後サーバーは何度でもチケットの送付が可能となり、複数のセッションを同時に確立したい場合にも利用できるようになりました。

TLS 1.2以前とTLS 1.3のセッション再開方式を比較してみます（表2.13）。

表2.13　新旧セッション再開方式の比較

方式	TLSバージョン	フェーズ	説明
セッションID	TLS 1.2以前	要求	Client HelloメッセージのセッションID拡張で要求
		応答	Server HelloメッセージのセッションID拡張でIDを返す
		セッション再開	Client HelloメッセージのセッションID拡張でIDを指定
	TLS 1.3		廃止
セッションチケット	TLS 1.2以前 (RFC 5077)	要求	Client Helloメッセージのセッションチケット拡張で要求
		応答	Server Helloメッセージのセッションチケット拡張で応答
		チケット送付	ハンドシェイク後尾のNew Session Ticketメッセージで送付
		セッション再開	Client Helloメッセージのセッションチケット拡張で指定
	TLS 1.3		セッションチケット拡張の廃止
		要求	クライアントからのチケット要求の廃止。発行の有無はサーバー側の判断になった
		送付	ポストハンドシェイクのNew Session Ticketメッセージにて送付
		セッション再開	PSKの0-RTTメッセージとしてチケットを送付

2.2.3　Early Data

PSKや後述のセッション再開の場合、ハンドシェイクを待たなくても直前のセッションの鍵情報を利用することで情報を秘匿することができます。ハンドシェイクの往復なしに最初のメッセージとして秘匿性のあるメッセージを送出できるので、これを0-RTT（Zero-Round Trip Time）とも呼びます。TLS 1.3では0-RTTの1つとして、TLSセッションの冒頭のClient Helloメッセージにおいて、early_data拡張によりEarly Dataがあることを示し、アプリケーションデータを暗号化して送信することができるようになっています。

ただし、この暗号化は前のセッションの鍵情報を引き継いで使用しているため、前方秘匿性を犠牲にしていることに注意が必要です。また、この機能はリプレイ攻撃に対して防衛手段を持たない点にも注意して使用する必要があります。Early Dataを受信するサーバー側で何らかの自衛手段が取れるように、「送信側は、あらかじめ両者で合意した特定のパターンのデータ以外は送信しない」など、アプリケーション層で特別の配慮をする必要があります。

Early Dataはプロトコル上は単にClient Helloメッセージに専用のTLS拡張を乗せるだけので、

ハンドシェイクの流れとして大きく変わることはありません。しかし、プログラム上ではライブラリの用意するEarly Dataの送信／受信のためのAPIを利用することになります。

TLS 1.3では、それ以前と比較して以下の点が変更されています。

- PSKはディフィー・ヘルマンによる鍵交換の有無という2種類に整理された
- セッション再開が、プロトコル上PSKの使用方法の1つとして整理された
- セッション再開においてセッションIDは廃止され、TLS 1.2までとは異なる新たなセッションチケットの利用方法が定義された
- PSKおよびセッション再開の冒頭でアプリケーションデータを送受できるEarly Data（0-RTT）が規定された

2.3　ハンドシェイク後のメッセージ

　ハンドシェイクでTLS接続が成立すると、目的であるアプリケーションデータの送受信に入ります。しかしアプリケーションメッセージ以外にも、ハンドシェイク後TLSセッションが確立してから送ることのできるメッセージが定義されています。

2.3.1　新しいセッションチケット

　セッションチケットは、先述のとおりセッション再開時に利用するデータです。サーバーはハンドシェイクが完了して安全なセッションが確立したあと、適当なタイミングで新しいセッションチケットを載せたNew Session Ticketメッセージを送信することができます。そしてクライアントは、受信したセッションチケットを次回のセッション再開時に使用します。またサーバーは、クライアント側に複数のセッションの同時接続を許すような場合、複数回セッションチケットを送信することができます。

2.3.2　クライアントの再認証

　クライアントがClient Helloメッセージのハンドシェイク後認証（post_nadshake_auth）拡張で再認証を許可している場合、サーバーはセッション中に再度クライアント認証を要求することができます。その場合はフルハンドシェイクのときと同様に、Certificate Requestメッセージによって相手方に認証を要求し、返信されるCertificate VerifyとFinishedメッセージによって認証します。

2.3.3　鍵とIVのリフレッシュ

　TLS 1.3では、セッションが長期にわたる場合や大量のデータを転送する場合に、適当なタイミングでセッションで使用されている鍵とIVをリフレッシュすることができます。鍵はそのセッションのマスターシークレットから鍵導出アルゴリズムを使って再生成され、新しい世代の共通鍵とIVとして使用されます。

Note TLS 1.3では、それ以前と比較して以下の点が変更されています。

- セッションチケットはハンドシェイク後メッセージの1つとして送信するように変更された
- ハンドシェイク後のプロトコルとして、再認証、および鍵とIVのリフレッシュが追加された

2.4　レコードプロトコル

2.4.1　TLSレコード

　本章で説明しているハンドシェイクメッセージやアプリケーションデータなど、TLSのメッセージはプロトコルの基本レイヤーにおいてすべてがTLSレコードとして送受信されます。レコードヘッダーにそのレコードが運ぶコンテンツデータのタイプ、プロトコルバージョン、データ長を格納し、そのあとにコンテンツデータ自身を格納します。プロトコルバージョンには後方互換のためにTLS 1.0／1.2を示す0x0301／0x0303を格納しますが、TLS 1.3ではこの内容を無視し、処理を行いません。

2.4.2　最大サイズ

TLSレコードの最大サイズは、16キロバイト（2^{14}バイト）です。それ以上の長さのアプリケーションデータを転送する場合は、複数のTLSレコードに分けて（フラグメントとして）送ります。最大サイズはまた、先述の「Maximum Fragment Length Negotiation」によってクライアント／サーバー間で合意した2^nバイトの長さにすることも可能です。

2.4.3　フラグメント、パディング

TLSレコードは、主にセキュリティの観点から最大レコードサイズに達していなくても適宜フラグメントに分割することが認められています。また、コンテンツデータのあとに最大レコードサイズ以下の任意長のゼロ値をパディングすることや、コンテンツデータ長ゼロのレコードを送ることも認められており、トラフィック監視への防衛手段を提供しています。

2.4.4　コンテンツタイプと暗号化

TLS 1.3におけるコンテンツタイプは、それまで存在した「ハンドシェイクの最後のフェーズでの暗号スイートの切り替え」を示すchange_cipher_specが廃止されたため、

- ハンドシェイク：handshake
- アラート：alert
- アプリケーションデータ：application_data

の3種類となります。

ただし、それは平文を送る場合の話であり、例えばアラートは、そのアラートを送出する時点でTLS接続が確立している場合、暗号化したレコード、つまりアプリケーションデータとして送出されます。このように、TLS 1.3ではハンドシェイクの初期を除いて暗号化しているため、それ以降はすべてがアプリケーションデータとして扱われることになります。

暗号化したTLSレコードのアプリケーションデータフィールドの中には、さらに「コンテンツタイプ」と「長さ」を示すデータが付加され、ハンドシェイクメッセージ／アラート／アプリケーションデータを区別します。TLS 1.3において、共通鍵暗号はAEADに統一されたため、暗号化されたコンテンツにはそのための認証タグ情報も付加されます。

表2.14　TLSレコードのコンテンツタイプ

コンテンツタイプ（値）	暗号化前のタイプ（値）	説明
handshake（22）		平文ハンドシェイク
alert（21）		平文アラート
application_data（23）	handshake（22）	暗号化ハンドシェイクメッセージ
application_data（23）	alert（21）	暗号化アラート
application_data（23）	application_data（23）	暗号化アプリケーションデータ
change_cipher_spec（20）		TLS 1.3では使用しない（後方互換用）

2.5　アラートプロトコル

　TLS通信の終了時／エラー時には、アラートレコードが送られます。アラートレコードはコンテンツタイプにアラートが示されたレコードであり、終了アラート（Closure alert）とエラーアラート（Error alert）の2つのクラスがあります。

　終了アラートはTLS接続の正常な終了を示すために使われるものであり、エラーではありません。終了アラートを受信したら、アプリケーションに対してその旨を知らせることになります。

　一方、エラーアラートは接続の一方的な終了を示します。エラーアラートを受信したら、アプリケーションに対してはエラーが通知されます。また、エラーアラートを受信したら、それ以降一切のデータ送受信は許可されません。サーバーとクライアントはセッションチケットとそれに関連づけられているPSKを除き、その接続で確立した一切の秘密の値／鍵を破棄します。

 TLS 1.2以前ではそれに加え、アラートの重要度（レベル）が示されましたが、TLS 1.3ではこのフィールドは意味を持たず、すべてのアラートは致命的（Fatal）として扱います。

　表2.15に、TLS 1.3のアラート種別の一覧を示します。

TLSのプロトコル仕様

表2.15　アラート一覧

クラス	名前（値）
Closure（終了）	close_notify（0）
Error（エラー）	unexpected_message（10）
Error	bad_record_mac（20）
Error	record_overflow（22）
Error	handshake_failure（40）
Error	bad_certificate（42）
Error	unsupported_certificate（43）
Error	certificate_revoked（44）
Error	certificate_expired（45）
Error	certificate_unknown（46）
Error	illegal_parameter（47）
Error	unknown_ca（48）
Error	access_denied（49）
Error	decode_error（50）
Error	decrypt_error（51）
Error	protocol_version（70）
Error	insufficient_security（71）
Error	internal_error（80）
Error	inappropriate_fallback（86）
Error	user_canceled（90）
Error	missing_extension（109）
Error	unsupported_extension（110）
Error	unrecognized_name（112）
Error	bad_certificate_status_response（113）
Error	unknown_psk_identity（115）
Error	certificate_required（116）
Error	no_application_protocol（120）

 TLS 1.3では、それ以前と比較して以下の点が変更されています。

- close_notify以外のすべてのアラートは致命的とし、すぐに接続を終了することが求められるようになった

Chapter

3

TLS を支える
暗号技術

3.1 暗号技術の概要

　デジタル暗号技術は、近年急激に多岐にわたって発展した基盤技術であり、幅広い分野の技術を含んでいます。本章ではその中でも特に、TLSで使用される暗号技術／アルゴリズムについてまとめます。図3.1はそれらの暗号技術要素とその関連を示したもので、図中の矢印は技術要素の依存関係を示します。

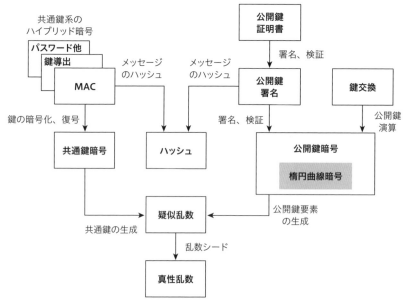

図3.1　TLSで使用される暗号技術およびその関係

　この図に示すように、これらの技術の多くが乱数に依存しており、それらは乱数の持つ予測困難性に立脚しています。また、これらの暗号技術は

- ハッシュ
- 共通鍵暗号
- 公開鍵暗号

という3つの要素技術と、それらを組み合わせた目的別の複合的な暗号技術からできています。

3.1.1 乱数の概要

乱数は、すべての近代暗号アルゴリズムの基本となるものです。

近代の暗号アルゴリズムではその暗号強度は利用する乱数の質に依存しています。乱数の質を厳密に定義することは非常に難しいのですが、直感的には生成される乱数値の予測が難しいほど質が高い乱数だといえます。質の低い乱数を使用すると、例えば暗号化のための「鍵の長さ」などが十分に生かされず、秘匿性が確保されないことになるため十分な注意が必要です。

真性乱数

真性乱数は周期性や統計的な偏りがない純粋な乱数です。真性乱数を厳密に定義することは極めて難しいのですが、直感的には周期性や統計的な偏りがない予測困難なビット列や整数といった数値列と定義することができるでしょう。

質の高い真性乱数を得ることは容易ではなく、特にソフトウェアのように決定論的に動作するアルゴリズムだけでは真性乱数を得ることはできません。

疑似乱数

疑似乱数は、元となる乱数シード値を外部から与え、周期が十分に長く統計的な偏りの少ない乱数列を決定論的に生成する技術です。疑似乱数は、質の高い真性乱数をじかに生成するのが難しい場合に、真性乱数をシードとして疑似乱数を組み合わせることにより質の高い乱数を得る、といった目的で使われます。

疑似乱数はまた、シード値が同じ場合同一の乱数列を生成するため、例えばシミュレーションのような再現性が必要な分野でも利用されます。同様に、1つのマスター鍵から複数の目的別の鍵を生成する鍵導出や、後述するストリーム型暗号処理のための鍵の拡張なども、疑似乱数の一種といえます。

代表的な疑似乱数アルゴリズムには、Hash_DRBG、HMAC_DRBG、CTR_DRBGなどがあります。そして乱数の質に関する規定としては、例えば米国NISTによるSP 800-90A/Bが挙げられます。

3.1.2 ハッシュ

ハッシュはメッセージダイジェストとも呼ばれ、不定長の長いメッセージを固定長の短いデータに圧縮するための一方向性のアルゴリズムです。データを圧縮するため、複数の異なるメッセージから同一のハッシュ値が生成される（ハッシュ衝突の）可能性や、ハッシュ値から元のメッセージを推測される（原像計算）リスクがあり、実際に使用するアルゴリズムにはそうしたリスクが最小となることが求められます。

代表的なハッシュアルゴリズムとして、初期にはMD5やSHA-1が広く使用されました。しかし危殆化のため、現在ではSHA-2（SHA-256／384／512など）や、SHA-3などが標準化され使用されていま

TLSを支える暗号技術

す。TLS 1.3では、暗号スイートで使われるハッシュアルゴリズムとしてSHA-2のSHA-256／384が採用されています。

3.1.3　共通鍵暗号

　暗号化と復号に同じ鍵（共通鍵）を使用する暗号アルゴリズムを共通鍵暗号（対称鍵暗号）と呼びます。共通鍵暗号は大容量のデータを効率的に暗号化／復号できる特徴があるため、TLSではアプリケーションデータ転送時の暗号アルゴリズムとして使用しています。

　しかし、ネットワーク通信のように潜在的に多数の相手方と通信する可能性がある場合には、「使用する鍵を相手方にどのように安全に渡すべきか」という問題（鍵の配送問題）を抱えています。TLSでは、後述の公開鍵暗号の技術を使って通信の相手方と安全に同一の鍵を共有したうえで（鍵交換／鍵合意）、共通鍵暗号によって暗号通信を行います。

ブロック型とストリーム型

　共通鍵暗号は、ブロック単位に処理をするブロック型とそのような区切りを必要としないストリーム型に分けることができます。

　現在ブロック型として一番広く使われているアルゴリズムとしてはAESが挙げられます。ブロック型では、ブロック間の情報の接続方法によって各種の利用モードがありますが、TLS 1.2まで最も広く利用されていたAES-CBCに代わり、TLS 1.3ではAES-GCM、AES-CCMのように暗号化と同時にメッセージが改竄されたものでないこと（真正性）を検証できるものだけが標準として採用されています。

　ストリーム型のアルゴリズムとしては、初期にはRC4が広く使われましたが危殆化により現在は廃止されています。TLS 1.3ではChaCha20がPoly1305によるメッセージ認証コードのアルゴリズムと組み合わされ、標準として採用されています。

3.1.4　メッセージ認証コード（MAC）、鍵導出

　ハッシュ、共通鍵暗号など要素となるアルゴリズムを目的に合わせて組み合わせたハイブリッド暗号が多数存在します。本項では、TLSと関係するメッセージ認証コード（MAC）と鍵導出について見ていきます。

　ネットワーク通信では、受け取ったメッセージが改竄されたものでないこと（完全性）の確認が課題となりますが、そのために用いられるアルゴリズムをメッセージ認証コード（MAC：Message Authentication Code）と呼びます。

　TLSでは、メッセージ認証コード（MAC）としてハッシュを利用したHMAC（Hash-based MAC）が採用されてきました。MACによる検証には共通鍵が使われ、鍵の正当な所有者だけがメッセージの完全性を検証することができます。

しかし、TLSではメッセージ認証をより細かな単位で行う必要性が高まったため、メッセージ認証は共通鍵暗号の一環として取り込まれるようになってきています（AEAD：Authenticated Encryption with Associated Data、認証付き暗号）。一方、鍵導出アルゴリズムでは従来TLS独自のアルゴリズムが使われていましたが、TLS 1.3ではMACアルゴリズムの1つであるHMACをベースにしたHKDF（HMAC Key Derivation Function）が採用されています。

3.1.5　公開鍵による鍵交換と署名

公開鍵暗号（非対称鍵暗号）は暗号化／復号それぞれに異なる鍵（鍵ペア）を使用する暗号アルゴリズムであり、暗号化のための鍵（公開鍵）を通信の相手方に渡し、受け取った暗号化済みメッセージを復号のための鍵（プライベート鍵、秘密鍵）で復号できます。

公開鍵暗号の処理は共通鍵暗号に比べて極めて大きな処理時間がかかるため、共通鍵の鍵配送問題解決のために研究されていました。実際にTLSでは最初のハンドシェイク時のみ公開鍵による鍵交換を行って通信の両者が同一の鍵値を得て、そののちそれを共通鍵暗号の鍵として使用し、大量のメッセージを効率的に暗号化／複号するという手法で用いられています。

TLSで用いられる鍵交換アルゴリズム

初期のTLSではRSA（Rivest-Shamir-Adleman cryptosystem）を利用して暗号化／復号を行う鍵交換方式が広く使用されていましたが、RSA方式では同じ公開鍵を長期に使い回す必要があるため、公開鍵といえども近年は秘匿性のリスクが指摘されてきました。そのため、元となる鍵の更新が容易なディフィー・ヘルマン（DH：Diffie-Hellman）型の鍵交換が推奨され、TLS 1.3ではDH型の中でも楕円曲線暗号（後述）によるECDHE（Elliptic Curve Diffie–Hellman key Exchange）のみが標準として認められるに至っています。

公開鍵署名

公開鍵署名は、公開鍵暗号の特性である一方向性を利用したデジタル署名のアルゴリズムです。

TLSにおいては、公開鍵署名は通信の相手方の成りすましを防ぐピア認証の手段として使われています。通信相手としての自分の正当性を証明するためには、まず自分の公開鍵の格納された証明書（公開鍵などを格納したデータ。詳細は後述）とともに、自分の署名用のプライベート鍵を使用して適当なメッセージ（Blob）に対する署名を送ります。受け取った側は、Blobに対する署名が正しいものかどうかを証明書に格納された公開鍵で検証します。

代表的な署名アルゴリズムにはRSAとDSAがあります。RSA署名では、RSA暗号と同様に別々の鍵を使ってデータを復元できる性質を使った署名検証を実現できますが、DSA署名では一方向演算の組み合わせだけで署名を検証します。そのためDSAは署名としての運用に注意が必要となり、かつRSAよ

り演算量を要することもありTLS 1.3では採用されていません（DSAと同様の処理を楕円曲線暗号で実現するECDSAが標準として採用されています）。

このように、公開鍵暗号の用途は当初の目的より大きく広がり、単純な情報秘匿化のための暗号化技術という意味合いは薄れてきています。

3.1.6　楕円曲線暗号

楕円曲線暗号では楕円曲線上の点とそれに対するスカラー乗算を定義します。RSAやディフィー・ヘルマンが冪乗剰余の逆演算困難性をベースとするのに対して、楕円曲線暗号ではスカラー値が十分大きい場合、楕円上の点に対するスカラー乗算の逆方向の演算が困難となることを暗号化に利用します。ECDHでは、この楕円曲線上の演算を利用して、ディフィー・ヘルマンと同様の方法により通信する両者で安全に共通の鍵を得ることができます。

また、楕円曲線暗号はデジタル署名のアルゴリズムとしても利用されており、先述のように、DSAの原理を楕円曲線暗号で実現したECDSAが標準化されています。

一般的に、楕円曲線暗号はRSAのような素数に依拠するアルゴリズムよりも短い鍵で同程度の暗号強度を得ることができます。NISTは初期に楕円曲線の標準化に取り組み、通称「NIST曲線」と呼ばれる一連の曲線を標準化しました。欧州を中心としたSECG（Standards for Efficient Cryptography Group）による曲線ともマッピングが取られ、TLSでも標準として採用されています。

最近では、Curve25519やCurve448といった、演算処理が単純化される特別な楕円曲線も研究されており、これらはTLS 1.3でも標準の曲線として採用されています。

3.1.7　公開鍵証明書

公開鍵証明書は、公開鍵とその他のメタ情報を格納したものに署名を行ったものです。証明書への署名は通信の双方が信頼するCA（Certification Authority、認証局）がCA自身のプライベート鍵を使用して署名します。通信を行おうとするものは、信頼するCAの証明書を使って、「相手から送られてきた証明書がCAによって正当に署名された正当な証明書である」ことを確認できます。また、証明書に格納されている通信相手の公開鍵を使うことで、通信相手の正当性を認証することもできます。

公開鍵証明書の書式はITU X.509、またそのベースとなるデータ構造定義ASN.1（DERフォーマット）によって物理的構造が標準化されています。またDERをBase64でテキスト形式に変換したPEM形式もファイルフォーマットとして広く利用されています。

3.1.8　公開鍵基盤（PKI）

公開鍵基盤（PKI：Public Key Infrastructure）とは、公開鍵暗号や証明書などを使用した、信頼できる第三者機関であるCAをベースとする信頼モデル、またそれを実現するための標準規約を指します。

　PKIを実現するための一連の具体的な標準としては、公開鍵技術の初期段階からRSA社が取り組んだPKCS（Public Key Cryptography Standards）があります。PKCSはその標準のカテゴリーにより番号付けされており、今ではインターネットの標準として参照されるカテゴリーがIETFのRFCとして引き継がれています。

3.2 TLSに関連する乱数

　先述のように、乱数は現代の暗号アルゴリズムの基本となるものであり、その暗号強度は利用する乱数の質に依存しています。

　本書では、乱数に関する厳密な議論は行わず、TLSと関連した乱数の扱いに関して、意識すべき点を中心に解説します。

3.2.1 乱数生成の実際

　疑似乱数に関しては、質の高い乱数生成が実現できるソフトウェアアルゴリズムが多数研究されています。しかし、真性乱数の生成は、原理上、決定論的なロジックだけでは実現できません。一般的には電気的なノイズなど何らかのハードウェア的なエントロピー源を利用して質の高い乱数を実現することになります。

　また、疑似乱数アルゴリズムによりある程度の長さの乱数列において統計的な偏りの少ない質の高い乱数を生成するために、ある程度の質の真性乱数をシードとする手法が用いられることもあります。wolfSSLの暗号化モジュールであるwolfCryptの乱数生成でも、GenerateSeed()関数による真性乱数シードをベースにして、Hash DRBGによる疑似乱数のランダム性を高める方法が採られています。

 Hash DRBGによる乱数生成は、多数回行っても統計的な偏りのない乱数系列が実現されていることが確かめられています。しかし、当然ながら同じシード値からは同じ系列の乱数が生成されるため、Hash DRBGでは適宜の間隔でGenerateSeed()関数により新しいシード値を求めるような仕組みになっています。
なお、シード値が持つビット幅分の自由度を持った値を生成することは、GenerateSeed()関数側の責任となります。

　一方、シード生成部分は真性乱数でなければなりません。真性乱数の質についての厳密な定義は難しいのですが、質の高い真性乱数生成を自製することは非常に困難です。そのため、一般的にはMCU

（Micro Controller Unit）などのハードウェアやOSが提供する真性乱数生成機能を使用します。

　しかしどうしても自製しなければならない場合は、統計的な質は疑似乱数のほうで実現し、そのシード値の生成に利用するようにしましょう。またその際は、以下のような配慮のもとに、十分なエントロピーが蓄積されるよう注意して実現すべきです。

1. 最初のシード値として、シード値のビット幅分の十分な自由度を持った値が生成されるようにすること
2. シード生成のたびごとに異なる値を返すこと
3. 時間とともにエントロピーが蓄積されるように配慮すること
4. システムリセット時など、処理を再開した場合にもエントロピーがリセットされないようにすること。またその際、前回とは異なる初期値を返すこと

3.2.2　乱数の質に関する標準

　Hash_DRBGなどの疑似乱数の質は、NIST SP 800-90Aに規定されています。また、真性乱数の検定に関しては、NIST SP 800-90Bで検定モデルが規定されています。TLSでは使用する乱数の質に関する規定はありませんが、IETFでは以下のような指針をRFC 4086としてドキュメント化しています。

- "Randomness Requirements for Security", BCP 106, RFC 4086

3.3　ハッシュアルゴリズム

　ハッシュ値を求めるハッシュアルゴリズムには、あるハッシュ値をもとに、逆にそのようなハッシュ値となるメッセージを得ることが（事実上）不可能であること（原像計算困難性、弱衝突耐性）が求められます。そのためには、メッセージをほんの少し変えた際にハッシュ値が大幅に変わり、そのハッシュ値は元のメッセージのハッシュ値とは相関がないように見えるようなアルゴリズムであることが求められます。

　また、同じハッシュ値となる「異なる2つのメッセージのペア」を求めることが（事実上）不可能であること（強衝突耐性）も求められます。

　具体的なハッシュアルゴリズムとしては、早い時期にRonald RivestによるMD5が1992年にRFC

1321として標準化されました。その後、NISTによる標準として、ハッシュビット長がより長く、大きなデータに適用できるSHA-1やSHA-2が標準化され、広く利用されてきました。SHA-1は160ビットのハッシュのアルゴリズムですが、SHA-2は224ビットから512ビットまでのハッシュ長を得る一連のアルゴリズムの総称です。SHA-2はそのハッシュ長ごとにSHA-256、SHA-512などとも呼ばれています。

TLSでもこれらをベースとした暗号スイートが標準として採用されてきましたが、近年MD5やSHA-1に関する攻撃に関する研究が報告され、攻撃の現実化が懸念されるようになりました。そのため、MD5とSHA-1はTLS 1.3で完全に廃止されました。

MD5、SHA-1、SHA-2はMerkle–Damgård constructionアルゴリズムをベースにしており、このアルゴリズムのみへの依存に対する懸念から、新しい標準としてSHA-3が制定されました。しかし、現在のところSHA-2に関しては具体的なリスクは報告されておらず、TLS 1.3ではSHA-2系のSHA-256とSHA-384が採用されています（表3.1）。

表3.1 主なハッシュアルゴリズム

分類	アルゴリズム	ダイジェスト長（ビット）	最大メッセージ長（ビット）	TLS 1.2以前	TLS 1.3	RFC
MD	MD5	128	2^{64-1}	✓		1321
SHA-1	SHA-1	160	〃	✓		3174
SHA-2	SHA-224	224	〃	✓		3874
	SHA-256	256	〃	✓	✓	4634
	SHA-384	384	2^{128-1}	✓	✓	〃
	SHA-512	512	〃	✓	✓	〃
	SHA-512/224	224	〃			
	SHA-512/256	256	〃			
SHA-3	SHA3-224	224	制限なし			
	SHA3-256	256	〃			
	SHA3-384	384	〃			
	SHA3-512	512	〃			
	SHAKE128	可変長	〃			8692
	SHAKE256	〃	〃			〃

3.4 共通鍵暗号

暗号化と復号に同じ鍵を使用する暗号アルゴリズムを共通鍵暗号（対称鍵暗号）と呼びます。共通鍵暗号は大容量のデータを効率的に暗号化／復号できる特徴があるので、TLSではアプリケーションデータ転送時の暗号アルゴリズムとして使用します。また共通鍵の配送問題を解決するために、TLSでは公

開鍵暗号の技術を使って通信の相手方と安全に同一の鍵を共有（鍵交換、鍵合意）したうえで、共通鍵暗号の処理を行います。

　共通鍵暗号のアルゴリズムにはブロック型とストリーム型の2つの方式があります。ブロック型は暗号化の基本単位をブロックに分けてブロック単位の暗号化を行い、それをチェーンすることで目的のサイズのメッセージ全体の暗号化を実現します。これに対してストリーム型では、処理の単位を分けずに処理対象全体を連続的に暗号化します。

3.4.1　ストリーム型暗号

　ストリーム型暗号では、まず、与えられた特定サイズの暗号鍵をもとにして、一種の疑似乱数生成により、暗号化しようとする平文と同じサイズのランダムなビット配列を生成します。そしてそのビット配列に対して、ビットごとに排他的論理和による暗号化演算をほどこすことによって、暗号化を行います（図3.2）。

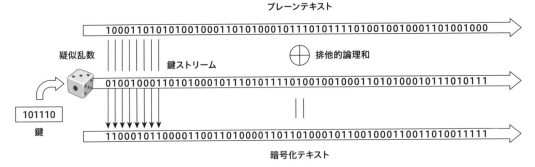

図3.2　ストリーム型暗号

　このようなビット列の排他的論理和では、入力となるビット列データにおける1/0の出現頻度と、出力における出現頻度には相関関係がありません。そのため、このような手法で暗号化することにより、鍵のランダム性さえきちんと確保できれば、「ビットの出現頻度をもとに暗号文から平文を推測する」ことが不可能になります。

　ストリーム型暗号は、単純なアルゴリズムで処理を実現できるという大きな特徴を持っていますが、その暗号強度は疑似乱数生成の質のいかんにかかっています。

　Ronald Rivestにより初期に開発されたRC4は、TLSやその他のプロトコルにおいて広く使用されていましたが、近年RC4に対する攻撃法が報告されるに至り、現在では使用されなくなっています。一方、その後ダニエル・バーンスタインによって開発発表されたSalsa20はChaCha20（RFC 7539）として改良されました。ChaCha20はメッセージ認証符号Poly1305との組み合わせで認証付き暗号を実現し（3.4.3項を参照）、現在のTLSでも共通鍵暗号アルゴリズムの1つとして採用されています。

3.4.2 ブロック型暗号

　ブロック型暗号は、メッセージを固定長のブロックに分けてブロックごとに暗号化／復号の処理をします。

　1ブロックの暗号化アルゴリズムとして初期に開発されたのはDES（Data Encryption Standard）ですが、その鍵長の制約を改善したトリプルDESはTLSの初期の暗号アルゴリズムとして使用されました。その後、コンピューター処理でより効率的に処理できるアルゴリズムとしてAES（Advanced Encryption Standard）が開発され、ブロック長が128ビット、鍵長が128／192／256ビットのものが標準化され、現在まで広く使われています。

■ AESの暗号化アルゴリズム

　ここからは、AESの暗号化アルゴリズムについて、少し詳しく見ていきましょう。

　始めに与えられた鍵は、AES鍵スケジュールに従って図3.3のようにラウンド鍵としてあらかじめ拡張しておきます。これを、次に説明するラウンドごとにシフトして適用することで暗号強度をさらに強化しています。

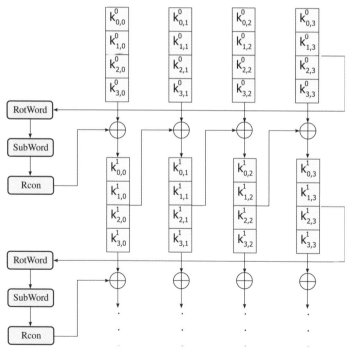

図3.3　AESの鍵スケジュール
※ Sissssou, CC BY-SA 4.0, via Wikimedia Commons
（https://upload.wikimedia.org/wikipedia/commons/b/be/AES-Key_Schedule_128-bit_key.svg）

　AESのブロック単位の暗号化は、図3.4に示すように4つのステップを1回転として、鍵長によって決まった回数だけ処理を繰り返して1ブロックの暗号化を実現します。図3.4のように、まず処理の入り口で与えられた1ブロック（16バイト）のプレーンテキストと鍵の排他的論理和を取ってから、このループに入ります。また、最後の回転では途中で抜けて暗号化ブロックと鍵の排他的論理和をさらに取って処理を完了します。

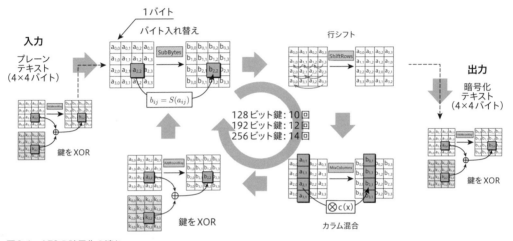

図3.4　AESの暗号化の流れ
※ Wikipedia「Advanced Encryption Standard」をもとに作成

1回転の4ステップでは次のような処理をします。

1. バイト変換：あらかじめ決められたバイト d ごとの変換表（Substitute Box）にもとづいて、入力メッセージ S を変換する。変換表は256個の配列であり、入力メッセージ1バイト（8ビット）の値を引数として対応する変換値を求める

2. 行シフト：1.で得られたメッセージを4×4の表に配置して、行ごとにバイト単位でシフトする

3. カラム混合：2.で得られたメッセージを4×4の表に配置して、カラムごとに4バイトをビットローテートさせながら排他的論理和で混合する

4. ラウンド鍵：3.で得られたメッセージとラウンド鍵の排他的論理和を求める

　この様子を図3.5のように表すと、1回転分のバイト単位の入れ替え、行シフト、カラム混合、鍵による暗号化が組み合わされる様子が直感的に理解できます。

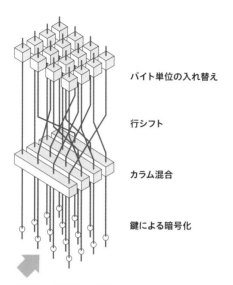

バイト単位の入れ替え

行シフト

カラム混合

鍵による暗号化

図3.5　1回転分の暗号化の流れ（イメージ）
※Wikipedia「Advanced Encryption Standard」をもとに作成

　カラム混合は下に示すように一種のマトリックスの掛け算になっています。ただし、個々の要素は通常の掛け算ではなく、因数分解できない多項式（既約多項式） $x^8 + x^4 + x^3 + x + 1$ による剰余とします。また、各要素は排他的論理和を取ります。

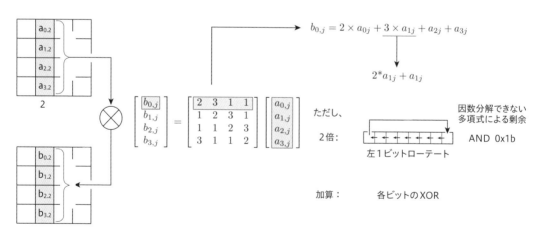

$b_{0,j} = 2 \times a_{0j} + 3 \times a_{1j} + a_{2j} + a_{3j}$

$2 * a_{1j} + a_{1j}$

$$\begin{bmatrix} b_{0,j} \\ b_{1,j} \\ b_{2,j} \\ b_{3,j} \end{bmatrix} = \begin{bmatrix} 2 & 3 & 1 & 1 \\ 1 & 2 & 3 & 1 \\ 1 & 1 & 2 & 3 \\ 3 & 1 & 1 & 2 \end{bmatrix} \begin{bmatrix} a_{0,j} \\ a_{1,j} \\ a_{2,j} \\ a_{3,j} \end{bmatrix}$$

ただし、

2倍：　　　　　　　左1ビットローテート

因数分解できない多項式による剰余　AND 0x1b

加算：　　　各ビットのXOR

図3.6　カラム混合のイメージ

wolfSSLライブラリにおけるAESの実現については、Part 3で紹介します。

📗 利用モード

　ブロック型暗号では、必要なメッセージサイズの処理をするためにブロックを複数つなぎ合わせて処理をします。その際ブロックをつなぐ方法についても、さまざまな方式が提案されています。

　そのうち最も単純なものはECB（Electronic CodeBook）と呼ばれ、すべてのブロックで同じ鍵とIV（初期化ベクトル）を使用しますが、これではメッセージの秘匿性に限界があります。

　前のブロックの暗号メッセージと次のブロックの平文メッセージの排他的論理和をブロックのIVとするCBCモードは、比較的簡単なアルゴリズムで高い秘匿性を実現できるため、AESブロック型暗号と組み合わせたAES-CBCモードは最近までTLSで広く使われてきました。

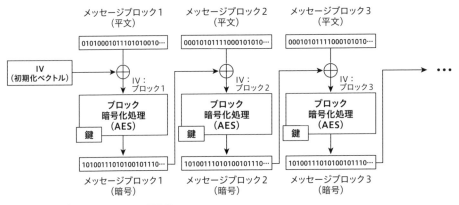

図3.7　暗号ブロック・チェーン（CBC）

　CTRモードは図3.8のように、全体のIVとして上位に適切なnonce値（ナンス値。使い捨ての数値）、下位にバイナリ整数ゼロを与え、ブロックごとにこれを1ずつインクリメントさせて、ブロックごとのIVとして可変長の鍵を生成します。そうして、平文メッセージをこの可変長の鍵と排他的論理和を取ることで暗号化します。CTRモードはAESのようなブロック型暗号を要素アルゴリズムとしていますが、このような形で可変長の鍵を生成して暗号化するので実質的にストリーム型暗号ともいえます。

　そのためCTRモードは、

- 簡単なアルゴリズムでありながら秘匿性を損なわない
- ブロックごとの依存性はカウンター値だけなので、ブロック番号さえわかればブロックごとに並列で処理することに適している

という特徴を持っています。

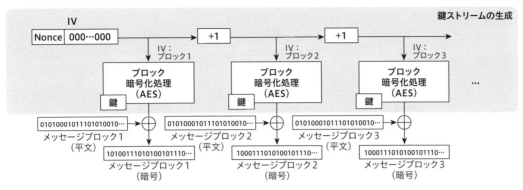

図3.8　カウンターモード（CTR）

3.4.3　認証付き暗号（AEAD）

　これまで紹介してきた共通鍵暗号の暗号化アルゴリズムでは、復号ができたからといって元の平文が改竄されていないこと（メッセージの真正性）の保証にはなりません。

　そのためTLSでは、暗号化とは別にレコードごとにメッセージ認証コード（MAC：Message Authentication Code）を付与して真正性の検証をしていました。しかし先述のように、近年この方法では真正性を完全に保証できないリスクが指摘され、TLS 1.3では暗号化処理と組み合わせて、より細かな単位でメッセージ認証ができるAEAD（Authenticated Encryption with Associated Data）方式のみが採用されることになりました。そのため、CTRモードは次に説明する認証付き暗号を実現するためのベースの仕組みとして利用が継続されているものの、単体のCBC／CTRモードは標準から除外されています。

　認証付き暗号は、メッセージの暗号化／復号と同時にメッセージの真正性の確認も行う暗号アルゴリズムです。真正性のチェックに使用する認証タグをメッセージの暗号化処理と同時に生成し、復号処理の際にその認証タグによって真正性をチェックします。TLS 1.3で使用されている認証付き暗号としては、ブロック型のAES-GCM（Galois/Counter Mode）、AES-CCM（Counter with CBC-MAC）およびAES-CCM_8、そしてストリーム型のChaCha20-Poly1305があります。

　AES-GCMでは、暗号処理部にAES-CTRを、認証タグの生成／認証にGMAC（Galois Message Authentication Code）を使用して認証タグ付き暗号を実現しています（図3.9）。GMAC処理部は認証データ値を入力として、暗号化されたメッセージから認証タグ値を導きます。この認証タグ値は復号処理の入力として真正性のチェックに使用されます。

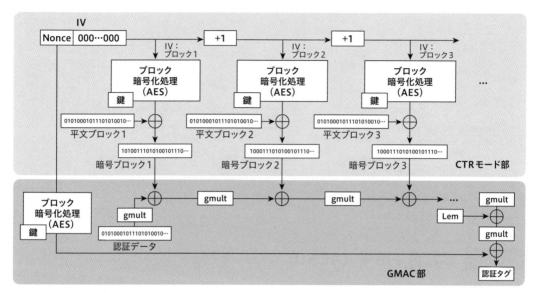

図3.9　GCMモード（暗号化）

　AES-CCMとAES-CCM_8も暗号化部分には同じくAES-CTRを使用しますが、認証タグにはCBC-MACを使用します。CBC-MACはGCMのGMACより処理が軽いため、これらの利用モードは比較的プロセッサー処理能力の低い組み込みシステム向けなどに利用されています。

3.4.4　パディングスキーム

　ブロック型暗号では、暗号化対象メッセージのサイズがブロックの整数倍でない場合、半端の部分を適当なパディングで補って暗号化する必要があります。そして、復号の際はパディング部分を取り除きます。

　パディングスキームとしてはPKCS #7（RFC 2315）の一部として定義されているスキームが広く利用されています。このスキームでは、

- 端数部分のサイズが1バイトの場合数値1の1バイト
- 端数部分のサイズが2バイトの場合数値2を2バイト

のように付加し、メッセージ長がブロックの整数倍の場合は1ブロック分のパディングを付加します。

　以下にパディングの概要を示します。

```
01 -- if l mod k = k-1
02 02 -- if l mod k = k-2
          〜省略〜
k k ... k k -- if l mod k = 0
```

3.4.5 主な共通鍵暗号

表3.2に、（廃止となったものを含めて）TLSの主な共通鍵暗号をまとめます。

表3.2　TLSで使用される主な共通鍵暗号アルゴリズム

方式	アルゴリズム	利用モード	ブロック長（ビット）	鍵長（ビット）	認証タグ長（ビット）	TLS 1.2 以前	TLS 1.3	RFC
ブロック型暗号	3DES_EDE	CBC	64	168	−	✓		5246
	Camellia	CBC	128	128/256	−	✓		5932
	AES	CBC	128	128/256	−	✓		5246
	AES	GCM	128	128/256	128	✓	✓	5288
	AES	CCM	128	128/256	128	✓	✓	6655
	AES	CCM_8	128	128/256	64	✓	✓	6655
ストリーム型暗号	RC4	−	−	40〜256	−	✓		2246
	Chacha20 Poly1305**	−	−	256	128	✓	✓	8439

※鍵長はRFCで暗号スイートとして規定されているもののみ記載
※※ストリーム型暗号ChaCha20とメッセージ認証符号Poly1305は本来独立したアルゴリズム

3.5 鍵導出

鍵導出は、一定サイズのビット列から用途に応じたサイズのビット列（疑似乱数値）を生成するためのアルゴリズムであり、ストリームのように長いビット列を小さなサイズのビット列に圧縮するために用いる場合と、元となるビット列より長いビット列に拡張するために用いる場合があります。前者はハッシュと同じように機能し、後者は疑似乱数生成と同じように機能しますが、単なるハッシュや疑似乱数と異なり、共通鍵暗号のメカニズムを併用することで鍵を知っている正当な当事者だけが正しい値を導出できるようになっています。

TLSでは、鍵共有プロトコルによって通信ノードの両者が同じ値を共有したあと、その値をもとにアプリケーションデータの暗号化／復号のための共通鍵やIVを得るために利用しています。TLS 1.2まではTLS専用のPRF（Psudo Random Function）が使用されていましたが、TLS 1.3では他のプロトコル

でも共通に使用されているHKDF（HMAC-based extract-and-expand Key Derivation Function）が使用されています。

　HMACはハッシュとAESによる共通鍵を組み合わせたアルゴリズムであり、TLS 1.3ではSHA-256とSHA-383によるHMACが標準として規定されています。

3.6　公開鍵暗号と鍵共有

3.6.1　背景

　先述のように、公開鍵暗号は暗号化と復号に異なる鍵を使うことから、片方の鍵を公開できるようにした暗号方式として研究が始まりました。しかし今日、公開鍵の持つ性質はさまざまな局面で応用され、その適用分野は多岐にわたっています。当初の情報秘匿のための暗号化、復号を目的とした利用方法はむしろ主要の目的とはいえない状況となりつつあります。

　TLSの中でも、公開鍵暗号の技術は主に共通鍵の鍵配送問題の解決のための鍵交換や鍵共有、あるいは公開鍵署名とそれをベースにした証明書として使用されています。本節では、公開鍵の基本的な考え方と、公開鍵を利用した鍵交換、そしてデジタル署名を中心に説明します。

Note　証明書については、3.8節で説明します。

　RSA暗号はRonald Rivest、Adi Shamir、Leonard Adlemanにより発明された代表的な公開鍵暗号であり、冪乗剰余の逆演算の困難性にもとづいて秘匿性を実現した暗号方式です。

　適切な素数の組(e, d, n)を選ぶと、次のように平文メッセージmをe乗しnで割った余りが暗号化メッセージcとなり、cをd乗して同様に剰余を取ることで元のメッセージmを得ることができます。

- 暗号化（平文mから暗号文cを作成）：$c = m^e \mod n$
- 復号（暗号文cから平文mを得る）：$m = c^d \mod n$

　RSA暗号では、このような条件が成立する数値の組を利用して、整数値eおよびnを暗号化のための公開鍵として、dおよびnを復号のためのプライベート鍵として使います。

上記のとおり、RSAで使用している指数の剰余演算の逆演算は離散対数演算です。この離散対数演算は、数値が十分に大きな素数であれば演算が極めて困難であり、簡単な計算方法は見つかっていません。つまり、指数の剰余演算は実質的に一方向のみ可能な演算といえ、暗号化のための鍵を公開しても暗号化した情報を秘匿することができます。また、適切な数値ペアを選ぶことで元の数値に戻すことができるため、暗号化と異なる鍵で復号することが可能となります。

3.6.2 RSAの実用化技術①：冪乗剰余演算の最適化

RSAを原理どおりに実装すると、計算過程で巨大な整数を扱うことになり実用的ではありません。また、非常に大きな処理時間を要してしまうことにもなります。それらを回避、改善するためのさまざまな研究が行われ、現在では多くの手法が知られています。

📖 バイナリ法

aの冪乗xの剰余nを単純に求めるために、冪乗してから剰余を求めるのでなく、次のように乗算と剰余を繰り返すことで計算の中間値が大きくなるのを防ぐことができます。しかし、このままではx回の乗算と剰余を繰り返さなければなりません。

$$a^x \bmod n = (((\cdots ((a \times a \bmod n) \times a \bmod n \cdots) \times a \bmod n)$$

バイナリ法では、2乗の剰余を繰り返すことで計算量を大幅に減らします。xがちょうど2の冪乗ならば、次のような形で計算することができます。

$$(\cdots (((a^2 \bmod n)^2 \bmod n)^2 \bmod n) \cdots)$$
$$a^{(n+1)} \bmod n \quad \text{ただし}n\text{は2の冪乗}$$
$$= (\cdots (((a^2 \bmod n)^2 \bmod n)^2 \bmod n) \cdots) \times a \bmod n$$

したがって、任意のnについてはnを2進数表記にした場合に「1」の桁はa倍、「0」の桁は2乗とすればいいことがわかります。

しかし、このままだとnの値によって計算量が大きく変わるため、実行時間から鍵値の推定を許すことになってしまいます（サイドチャネル攻撃のリスク）。実際には、計算量を多少犠牲にして、鍵値によらず計算時間を一定化するための手法が提案されています。

また、バイナリ法でも剰余演算の繰り返しが残りますが、剰余演算は計算量が大きくなってしまうため、その点でさらに次に紹介するような工夫が必要です。

▦ モンゴメリ変換による乗算剰余演算

　剰余演算の演算量の削減方法の例として、モンゴメリ変換とそれによるモンゴメリリダクションが知られています。

　$N > 0$の整数演算において、演算したい値をモンゴメリ表現に変換しておき、この表現によってすべての計算を行ったのち、最後に元の領域の表現に逆変換することで目的の演算結果が求められます。つまり1以上の整数Nを法とするモンゴメリ変換は、演算したい値にある整数Rを掛けることによって得ることができるのです。

　冪乗剰余$a^k \bmod N$を求める場合は、まずaをモンゴメリ表現Aに変換します。冪乗演算a^kの乗算ごとにモンゴメリリダクションを行うことができます。また、そのとき前述のバイナリ法を適用することで乗算回数を減らすことができます。

▤ 3.6.3　RSAの実用化技術②：確率的素数

　RSAのようなアルゴリズムにおいて、逆演算を困難にするためには大きな素数を使用する必要があります。しかし、単純な素数生成アルゴリズムでは、大きな素数を見つけるために非常に長い処理時間がかかってしまいます。

　そのため、実用的な暗号ソフトウェアの多くでは確率的素数判定法が取り入れられています。確率的素数判定では一定の確率で素数ではない数値を許してしまいますが、その確率が十分に低いことで実用上暗号の秘匿性を損なわないようにすることができます。

▤ 3.6.4　RSAの実用化技術③：パディング

　公開鍵暗号では、復号ができたからといって、そもそも対象メッセージが改竄されたものでないことや、正しいものである保証（真正性の保証）はありません。

　そこで、元のメッセージに付加的なパディングを挿入することでこれを検証する方法が開発されています。RSAにおけるパディングとして、基本的な暗号アルゴリズムを組み合わせたパディングスキームが当初RSA社によりPKCS #1として定義されていましたが、現在はIETFに引き継がれRFC 8017の中で規定されています（詳細は3.6.6項を参照）。

▤ 3.6.5　TLS初期におけるRSAによる鍵交換

　TLSの初期には、RSAによる公開鍵暗号が共通鍵暗号の鍵配送問題を解決するための鍵交換プロトコルとして広く利用されていました。その処理の流れを、図3.10に示します。

図3.10　RSAの流れ

　まず、暗号化メッセージを受け取りたい受信側は、送信側に対して公開鍵を暗号化用の鍵として送付します。メッセージの送信側は受け取った公開鍵で送信メッセージを暗号化し、受信側に送ります。TLSの場合は、その後の共通鍵暗号によるアプリケーションメッセージの秘匿化に使用する鍵の元となるプリマスターシークレットを送ることになります。そして、受け取った側はプライベート鍵のほうを利用してこれを復号します。

　TLSの利用シナリオを考えると、サーバーの成りすましを防止するためのサーバー認証も行う必要があります。当初は、上記の公開鍵の送付の際に単体の公開鍵を送るのではなくサーバー認証のためのサーバー証明書を送るようにすれば、その中に含まれている公開鍵がそのまま利用できるので好都合だと考えられ、TLSの初期にはそのような利用方法が標準化されました。

　しかし、時代とともにセキュリティリスクも変化し、同じ公開鍵を長期に使い続けること（静的公開鍵）のリスクが指摘されるようになってきました（Chapter 5参照）。このリスクを回避するためには鍵ペアを頻繁に更新する必要がありますが、証明書の場合、CAの署名を頻繁に更新するのは現実的ではありません。

　またその間、暗号アルゴリズムの進歩も著しく、鍵交換に利用するアルゴリズムの選択と証明書のアルゴリズムは独立の選択基準で選択したいという要求も強くなってきました。そこで、いよいよサーバー認証のための証明書の送付と鍵交換のためのプロトコルは独立させたほうがよいという認識が強くなったのです。

　そのような背景で、TLS 1.2の時代にはRSAの静的公開鍵による鍵交換は推奨されなくなり、TLS 1.3では廃止されるに至りました。そして、RSAによる公開鍵アルゴリズムは証明書用（Chapter 8参照）に限定されるようになりました。

3.6.6　ディフィー・ヘルマン鍵交換

　RSAとほぼ同時期に、もう1つの公開鍵アルゴリズム、ディフィー・ヘルマン鍵交換（DH：Diffie-Hellman key exchange）が発明されました。DHは、RSAのように暗号化したデータを復号するようなことはできませんが、通信しようとする2者の間で共通の値を得ることができます。これを鍵交換（鍵合意）に利用することで、鍵配送問題を解決することができます（図3.11）。

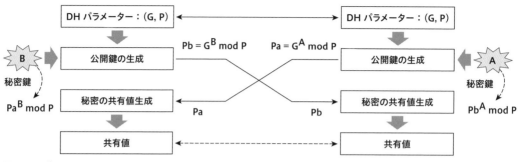

図3.11　ディフィー・ヘルマン鍵交換

　ディフィー・ヘルマン鍵交換では、RSAとは異なり、冪乗剰余演算の一方向性とともに2回の演算の順序の可換性を利用します。具体的には、次のような手順で鍵交換を実現します。

　まず、共通の鍵値を得ようとする両者は、始めに共通のパラメーターである1組の素数（DHパラメーター）を共有しておきます。なお、このパラメーターは第三者に公開することができる値です。

　鍵を交換するために、両者はそれぞれ相手や第三者に対して秘密の乱数値（秘密鍵）を生成します。この値に対して先ほどのDHパラメーターを使って冪乗の剰余を求め、その値を相手側に渡します。これは前述のRSAの公開鍵による暗号化と同様に、暗号化した値から元の値を知ることが困難な一方向演算なので、公開の値（ディフィー・ヘルマン公開鍵）として相手方に渡すことができます。

　受け取った側では、この値と自分の秘密鍵、そしてDHパラメーターを使って、最終的な共通鍵の値を求めます。両者の演算内容を比べてみると、単に演算の順序が異なるだけで演算の構造は同様になっていることがわかります。

　この2段階の冪乗剰余演算の演算順序が可換であることは別途証明でき、両者の秘密鍵がどのような値であってもこのアルゴリズムによって共通の値を得ることが保証されます。TLSではこの値をプリマスターシークレット（Pre-master secret。その後の共通鍵暗号で使用する鍵やIVなどを求める元の値）として使用します。

　TLSハンドシェイクの利用シナリオにおけるこれらのパラメーター値や公開鍵の送付方法は、TLS 1.2までとTLS 1.3ではやや異なります。

　TLS 1.2までは、Client Helloメッセージと Server Helloメッセージは使用する暗号スイートの合意のために限定され、実際にディフィー・ヘルマンで使用するDHパラメーターやDH公開鍵は2往復目のClient Key Exchangeメッセージと Server Key Exchangeメッセージによって送られていました。

　一方、TLS 1.3ではハンドシェイクが整理され、DHパラメーターや公開鍵はClient Helloメッセージと Server Helloメッセージのkey_share拡張に格納されるようになり、サーバーはClient Helloメッセージの受信内容、クライアントはServer Helloメッセージの受信内容と自分の秘密鍵を使ってプリマスターシークレットを得て、そこからセッション鍵を導出（3.5節参照）できるようになりました。これにより、TLS 1.3ではハンドシェイクを1往復で完了することができるようになったとともに

に、ハンドシェイクの途中から内容を暗号化することも可能になりました。

3.6.7 デジタル署名

デジタル署名（公開鍵署名）は、メッセージの正当性の確認のために使用されます。また、デジタル署名の署名は正当な署名者以外は正当な署名が生成できないため、署名者の確認や、逆に署名を生成したことの否認防止のためにも使用できます。

メッセージと署名との対応関係を検証するだけであれば、共通鍵によるメッセージ認証コード（MAC）でも可能です。しかし、MACでは鍵を知っている署名の検証者自身も正当な署名を生成することができてしまうので、正当な署名者の確認や署名否認の防止のためには利用できません。

公開鍵による署名では、署名生成鍵と検証鍵が異なるので秘密鍵を持った者だけが署名可能です。そのため、署名の正当性を確認することでその署名が正当な署名者によるものであること確認することができます。また、逆に署名したことの否認防止の目的にも利用することができます。

図3.12にデジタル署名の構造を示します。デジタル署名では、任意長のメッセージに署名できるように、まず対象メッセージの固定長のハッシュ値を求めます。署名の生成では、このハッシュ値と署名者だけが知る何らかの秘密の値（署名鍵）を使用して署名を生成します。一方署名の検証では、ハッシュ値と署名、そして署名検証用の鍵をもとに署名の正当性を検証します。

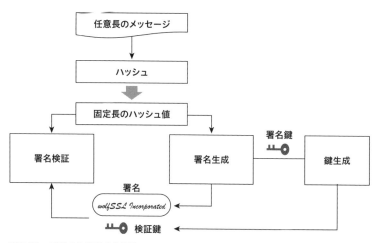

図3.12　デジタル署名の仕組み

📄 RSA署名

RSA署名では、RSA演算によって暗号化したものが復号で元に戻ることを利用して、署名の生成／検証を実現します。署名は、RSA暗号化のアルゴリズムの際の公開鍵に相当する鍵と、暗号化に相当す

るアルゴリズムを使って、メッセージのハッシュ値から生成します。

　一方、署名の検証は、メッセージのハッシュ値と署名、署名検証用の鍵を利用します。検証用の鍵は、暗号化でいう復号用のプライベート鍵に相当します。署名検証鍵によって元のハッシュ値が得られれば、メッセージと署名は正当なものであることが検証できたことになります。

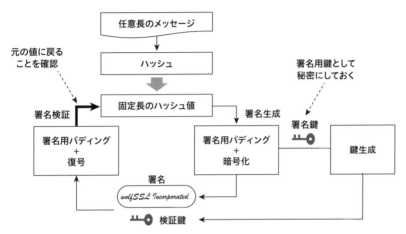

図3.13　署名検証の仕組み

　RSA署名では、署名用の鍵は署名者だけの秘密とし、検証用の鍵は検証用として公開します。暗号化／復号の際とは公開／非公開が逆の使い方をすることで、原理的にはRSAによる暗号化／復号と同様のアルゴリズムを使用して実現することができます。しかし、今日の実用的なRSA署名として標準化されている署名スキームでは、パディングスキームは暗号化／復号用のものとは異なり、互いに流用することはできません。

DSA署名

　DSA（Digital Signature Algorithm）署名では、RSAのような方法を使うのではなく、2つの異なる一方向演算の組み合わせ同士で同一の値を得ることができることを利用してデジタル署名を実現します。

　署名の生成では、署名鍵x、乱数k、そしてさらにメッセージから得られるハッシュ値を使って署名値sと検証値rを得ます。

　署名の検証では、検証鍵y、署名値sとメッセージからのハッシュ値を使用して検証値vを求めます。このとき、メッセージのハッシュ値が署名時と検証時で同じであればvとrの値は一致するような演算だといえます。もし、両者のハッシュ値が異なればvとrが異なるものになるので、メッセージの改竄を検出することができます。

　DSAは実現に際して適切な鍵生成が難しく、十分な注意が必要です。鍵を解読されないためには、署名ごとに新しい異なる乱数kを生成する必要があります。また、検証のための計算量はRSAと比べてか

なり大きくなる傾向にあります。そうした理由で、整数演算を用いるものとしてはRSA署名のほうが広く利用されています。

　しかし楕円曲線暗号ではRSAのような性質を持つ演算は見つかっていないため、整数演算の世界のDSAと等価のアルゴリズムを楕円曲線暗号の世界で実現したECDSAやEdDSAなどが広く使われています。

　DSAの署名検証の原理の直感的な説明については3.7.3項を参照してください。

3.6.8　公開鍵暗号に関する標準

📄 PKCS #1: RSA暗号

　基本的なRSA暗号に関する標準規定は、当初PKCS #1として制定されました。しかし現在では、この内容はIETFのRFCに引き継がれています。2021年時点、最新のPKCS #1 V2.2（RSA Cryptography Specifications Version 2.2）はRFC 8017として定義されており、暗号化、復号、署名と検証の方法（プリミティブとスキーム）などの規定が含まれています（表3.3）。

表3.3　PKCS #1（RFC 8017）のRSA公開鍵スキーム

分類	パディング	略称	機能	説明
鍵タイプ			公開鍵	公開鍵の基本要素(n, e)
			秘密鍵形式1	簡易秘密鍵の基本要素(n, d)
			秘密鍵形式2	秘密鍵の基本要素$(p, q, dP, dQ, qInv)$
データ変換プリミティブ		I2OSP	整数8進プリミティブ	整数から8進への変換
		OS2IP	8進整数プリミティブ	8進から整数への変換
暗号プリミティブ		RSAEP	暗号化プリミティブ	公開鍵によるパディングなし暗号化
		RSADP	復号プリミティブ	秘密鍵形式1および2によるパディングなし復号
		RSASP1	署名プリミティブ	秘密鍵によるパディングなし署名
		RSAVP1	検証プリミティブ	公開鍵によるパディングなし検証
暗号スキーム	OAEP	RSAES-OAEP	暗号化オペレーション	OAEPパディング公開鍵による暗号化
			復号オペレーション	OAEPパディング秘密鍵による復号
	v1.5	RSAES-PKCS1-v1_5	暗号化オペレーション	v1.5パディング公開鍵による暗号化
			復号オペレーション	v1.5パディング秘密鍵による復号
メッセージ署名スキーム	PSS	RSAES-PSS	署名オペレーション	PSSパディング秘密鍵による署名
			検証オペレーション	PSSパディング公開鍵による検証
	v1.5	RSAES-PKCS1-v1_5	署名オペレーション	v1.5パディング秘密鍵による署名
			検証オペレーション	v1.5パディング公開鍵による検証
エンコード方式	PSS	EMSA-PSS	エンコードオペレーション	PSSパディング
			検証オペレーション	PSSパディングの検証
	v1.5	EMSA-PKCS1-v1_5	エンコードオペレーション	v1.5パディング

　この標準規定の中には、RSAのためのパディングスキームについても規定されています。パディングスキームとしては、当初PKCS #1 v1.5にて比較的単純なスキームが規定されましたが、その後、より改善された方式として、暗号化／復号には最適非対称暗号パディング（OAEP：Optimal Asymmetric Encryption Padding）が、またRSAを公開鍵署名のために利用する場合のパディングとしては確率的署名スキーム（PSS：Probabilistic Signature Scheme）が標準化されており、現在はこれらを使用することが推奨されています。ただし、PKCS #1 v1.5も後方互換のために残されています。

　図3.14にPKCS #1 v1.5とOAEPのパディングスキームとの比較を示します。

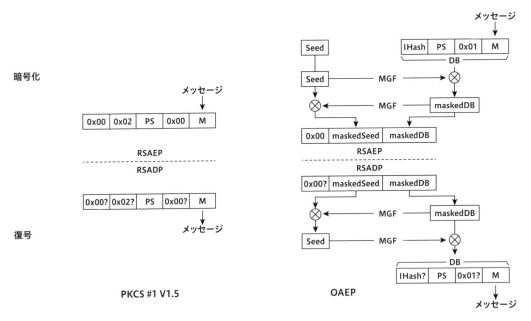

図3.14　PKCS #1 v1.5とOAEPの比較

　v1.5のスキームでは、暗号化対象のメッセージに所定の固定のビットパターンとハッシュ関数による疑似乱数で構成されたパディングを付加して、全体をRSA暗号化プリミティブで暗号化します。このような暗号化を行うことで、パディングの疑似乱数値を知らずに固定パターン部分と元のメッセージを捏造することが非常に難しくなります。また復号の際は、パディング部分について元の固定パターンが正しく復号されていることを確認することで元のメッセージの真正性を判定できます。

　OAEPでも、暗号化対象のメッセージにパディングを付加します。図3.14中の「IHash」は使用するハッシュアルゴリズムによって決まる固定値、「PS」は疑似乱数値です。OAEPでは、これらとは別に適当なシード値を用意します。暗号化の前に、図に示すように、この値と2つのハッシュ関数を使ってハッシュ値を求め、排他的論理和によるマスクをほどこし、`0x00`のパディングを付加した結果をRSA暗号化プリミティブで暗号化します。

　復号の際はRSA復号したビット列に対して最後に付加した`0x00`が正しく復元されていることを確認します。次にメッセージ部分とパディング部分のビット列から元のシード部分を復元し、復元したシード値を使ってメッセージ部分を復元します。シード値が正しく復元されていない場合は最終的に復元されるパディング部分に影響するはずです。このようにすることで、復号側でシード値を知らなくてもパディングに単なる固定値を使用するよりはるかに堅牢な暗号化が可能となります。

　OAEPや、次に説明するPSSで使用されるハッシュ関数には、MGF（Mask Generation Function、マスク生成関数）と呼ばれるハッシュスキームが使用されます。MGFは、SHAなど固定サイズのハッシュ関数をベースに、所望のサイズのハッシュを得ることができるようにしたハッシュスキームです。

　一方、PSSは署名検証のために開発されたパディングスキームです。PSSでは、適当に選ばれたソルト値を署名のためのハッシュ値に付加したうえでそのハッシュ値を求めます。そして、ソルト値にパディングを付加したものに対して、そのハッシュ値とMGFによってマスクし、両者を合わせて固定値`0xbc`を付加したものを署名値とし、RSA署名プリミティブを適用します。

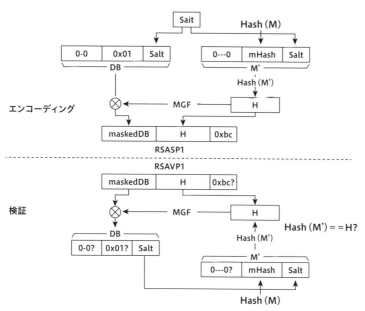

図3.15　PSS

　検証では、まず固定値`0xbc`の部分をチェックし、RSAプリミティブの処理が正しく行われていることを確認します。その後ハッシュ値を使ってソルト値が復元できるので、署名のときと同じようにメッセージのハッシュ値とソルト値を使ってハッシュ値を求めます。この値が署名によるハッシュ値と一致すれば署名の正当性が検証できたことになります。

　表3.4にPKCS #1（RFC 8017）で使用されているパディングスキームのオプションをまとめます。

表3.4 パディングのハッシュオプション一覧

パディング種別	ハッシュ	オブジェクトID	備考
EMSA-PKCS1-v1_5	MD2	id-md2	互換性のため
	MD5	id-md5	互換性のため
	SHA-1	id-sha1	互換性のため
	SHA-256	id-sha224	
	SHA-256	id-sha256	
	SHA-384	id-sha384	
	SHA-512	id-sha512	
	SHA-512/224	id-sha512-224	
	SHA-512/256	id-sha512-256	
OAEP、PSS	SHA-1	id-sha1	
	SHA-256	id-sha224	
	SHA-256	id-sha256	
	SHA-384	id-sha384	
	SHA-512	id-sha512	
	SHA-512/224	id-sha512-224	
	SHA-512/256	id-sha512-256	

3.7 楕円曲線暗号

3.6節では整数演算を用いる公開鍵暗号について説明しましたが、楕円曲線上の離散対数演算の一方向性を利用することでも公開鍵暗号を実現できることが知られています。整数演算による公開鍵より大幅に短い鍵長であっても同等以上の暗号強度が得られ、攻撃側の計算能力が上がるため、より強い暗号強度が求められる中にあって、楕円曲線暗号の重要性は増してきています。

楕円曲線暗号は整数演算に比べると実現がやや複雑になる傾向があり、その処理速度に課題がありましたが、RSAに比べて大幅に短い鍵で同じ暗号強度を得ることができることや、より効率的な曲線や実現手法の研究も進み、今日ではTLSプロトコルの中でも実用的に広く使われています。

3.7.1 楕円曲線暗号の原理

楕円曲線暗号では、まず楕円曲線上の演算を定義します。楕円曲線といっても通常直感的に思い浮かべるような楕円ではなく、次のような式で数学的に一般化された三次多項式を満たす、xy座標点の集合を扱います。

$$y^2 = x^3 + ax + b$$

この点の集合は、図3.16に示すような曲線になります。

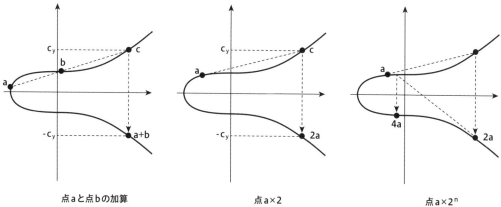

点aと点bの加算　　　　　**点a×2**　　　　　**点a×2ⁿ**

図3.16　楕円曲線上の演算を定義する

　ここでまず、曲線上の点aと点bの加算を、aとbを通る直線が楕円と交わる点cのx軸に対する対称の点（−yの点）と定義します。すると、aの2倍の点はaとaの加算であり、aとbが同じ値、つまりグラフ上の同じ座標点となった場合に相当します。

　直感的な意味で曲線がスムーズであれば、曲線上の任意の座標の微分値（傾き）と接線は1つに決まるので、その線の延長上で曲線に交わる点のx軸の対称点を取ることで、点aを2倍したことになるわけです。さらに、これをn回組み合わせれば、aのn倍の座標、つまり任意の座標点のスカラー倍も求められることもわかります。

　さらに、a×2がそのように求められることで、aの、2の冪乗倍の演算はn回繰り返さなくても図のように求められることになります。これを適当に組み合わせれば、スカラー倍の演算はいくつかの冪乗演算と加算の組み合わせでより効率的に実現できるのです。

　一方、次のような、楕円曲線上の元になる点（G：ベースポイント）のスカラー倍（n）の演算は、nが大きな数になると結果の座標xから逆に元の点を求めることは極めて難しくなるため、一方向演算であることも知られています。

$$x = nG$$

　つまり、スカラー倍演算の一方向性を利用して、係数nを秘密鍵、結果の座標点xを公開鍵とする公開鍵暗号を実現することができ、このような暗号化アルゴリズムを楕円曲線暗号と呼んでいます。

3.7.2　ECDH（楕円曲線ディフィー・ヘルマン）

3.6.6項で説明したディフィー・ヘルマン鍵交換と等価な構造に楕円曲線のスカラー倍演算を当てはめて、楕円曲線によるディフィー・ヘルマン鍵交換を実現することができます（ECDH。図3.17）。演算の原点となる楕円曲線上の座標G（ベースポイント）を共有のパラメーターとし、DHの場合と同じようにそれぞれに秘密の乱数値aとbを生成します。それぞれ、Gのa倍、Gのb倍を求めますが、この値からaやbを推定することは極めて難しいので、それを公開鍵として相手に渡すことができます。相手側では、それぞれ受け取った値に自分の秘密鍵をa倍あるいはb倍することで、共通の値を得ることができます。

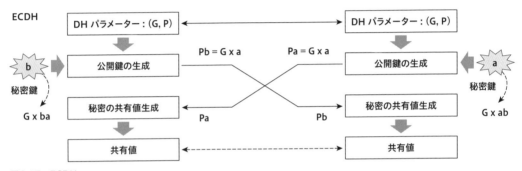

図3.17　ECDH

この演算内容を見てみると、左右それぞれの側で行っている演算は演算順序が違うだけです。厳密な証明は別として、結果は一致するであろうことが直感的に推測できるはずです。つまり、楕円曲線暗号の世界でもディフィー・ヘルマン鍵交換が成立しているのです。

$$ab\mathrm{G} == ba\mathrm{G}$$

3.7.3　ECDSA（楕円曲線デジタル署名）

ECDSAは、楕円曲線演算を利用したデジタル署名です。楕円曲線の演算では、RSAで利用したような「落とし戸付き一方向性関数」と呼ばれる、「異なる鍵で元の値に戻すことができる」ような性質を持つ演算は見つかっていません。そのためデジタル署名の実現方法としてRSAのような手法を取ることはできません。しかし、楕円曲線演算の一方向性を利用してデジタル署名を実現することは可能です。

これを理解するために、いったん署名というテーマからは離れて、図3.18のような2つの関数の流れを考えましょう。関数Cは1入力の関数ですが、関数AとBはもう1つの入力「入力2」も受け取るような関数とします。そしてこのような関数の組み合わせにより、関数Aと関数Cに同じ入力1を、そして

関数AとBに同じ入力2を加えると関数BとCが同じ結果となるような関数を作ることを考えます。

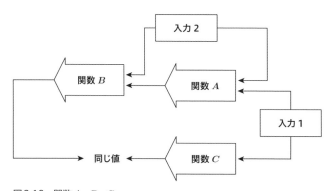

図3.18　関数A、B、C

　ここで簡単のため、「一方向関数」という条件を外して考えます。入力1をx、入力2をyとすれば、例えば次のような関数が考えられます。

$$\text{関数}A : x + y, \ \text{関数}B : (x - y)^2$$
$$\text{関数}C : x^2$$

　すると、関数AとBの中に入力2を打ち消すような演算を入れておけばよいということがわかります。関数Aで足されたyは関数Bで引かれるので、値は当然元に戻ります。

　図3.18ではA、Bとも同じ入力2が与えられていましたが、図3.19のようにもし仮にA、Bの入力2に異なる値が与えられた場合はうまく打ち消し合わないことになります。すると、関数Bと関数Cの結果は当然違う値になるはずです。

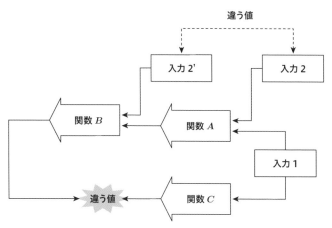

図3.19　関数AとBに異なる値が与えられた場合

71

　これを署名検証の流れに当てはめてみます。図3.19の入力1は、署名のための鍵です。入力2は署名対象のメッセージのハッシュ値です。DSAでは署名は署名値sと検証値rという2つの値の組み合わせとなります。関数Aの結果が署名値s、関数Cの結果が検証値rです。

　このように当てはめると図3.20のようになって、図の右半分が署名、左半分が検証の流れとなっていることがわかります。署名側と検証側で$H(m)$が同じ値ならば、検証値vとrは同じ値となります。

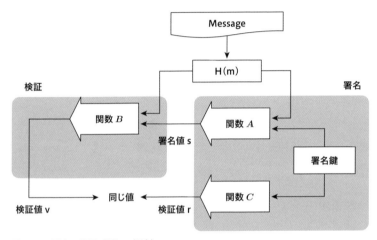

図3.20　署名と検証（正しい場合）

　例えばもし、メッセージが改竄されていて検証側の$H(m)$が署名側と異なれば検証値は一致しません。これにより、署名の正当性が検証できたことになります。

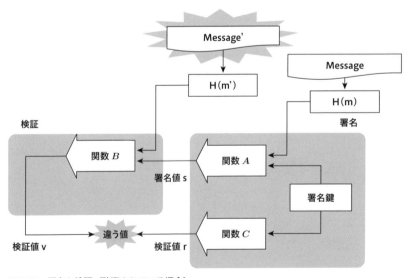

図3.21　署名と検証（改竄されている場合）

この図にECDSAの実際の演算式を当てはめてみると、図3.22のようになります。一方向演算を実現するための共通パラメーターが加えられたり、署名値rも検証演算に加えられていたりと詳細の追加はありますが、基本的な構造は前の図と変わりません。

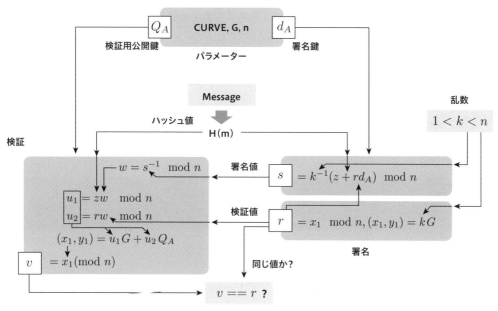

図3.22　実際のECDSA

ECDSAでは、楕円曲線の定義CURVE、演算のベースとなる曲線上の座標点Gとスカラー係数の最大値nを共通のパラメーターとして使用します。そして1から$n-1$の範囲で条件にあった乱数値kを選びます。

署名生成では、署名対象メッセージmのハッシュ値$H(m)$と署名鍵、そして乱数kから署名値rとsを求めます。ここでrは署名検証用の値となります。

署名検証では、ハッシュ値$H(m)$と検証鍵、そして署名値rとsから検証値vを求めます。メッセージが改竄されていると$H(m)$の値が異なり検証値が一致しません。したがって、この値がrと一致していれば正しいメッセージと署名であると検証できたことになるわけです。

3.7.4　曲線の種類と標準化

暗号に使用する楕円曲線は、あらかじめ標準化しておいて利用者が同じ曲線を利用する必要があります。使用する曲線は特異点など、脆弱性の原因となるような要素がないことはもちろんですが、曲線の種類によって演算効率が大きく違ってくることも知られています。3次式で表される楕円曲線がすべて暗

号化アルゴリズムに適しているわけではありません。一般的な楕円曲線のうち、特に素体（Prime Field）と呼ばれる「素数の剰余で表される曲線と標数2の体（Binary Field）」が楕円暗号のための曲線として深く研究されています。

米国の研究機関NIST（National Institute of Standards and Technology）は、早い段階からこうした楕円曲線暗号に使用する曲線の標準化に取り組み、一連の曲線を推奨曲線として公表しています（SP 800-186、いわゆるNIST曲線）。NISTが標準的に使用を推奨する曲線も、素体と標数2の体の中から選ばれています。

一方、国際的活動としてはSECG（Standards for Efficient Cryptography Group）が推奨曲線を発表しており、両者の曲線は対応しているものも多数あります。これらの曲線をベースに、IETFはTLSに使用する曲線と利用方法に関し、始めはRFC 4492で定義し、その後ECDHにおける利用やTLS 1.2での利用などの規定のためにアップデートを行っています。

> **Note**
> TLSで使用される楕円曲線の種類については、Chapter 2の表2.8を参照してください。

3.7.5 新しい楕円曲線

楕円曲線暗号はNISTやSECGの標準化によって広く実用的に使われるようになりましたが、曲線の種類によってその効率を改善できることが知られています。その後もよりよい曲線について研究が進められ、その成果はTLS 1.3にも正式に採用されています。

Curve25519は鍵長256ビットのECDH向けの曲線であり、その後、さらに長い鍵長に対応できるCurve448が追加されました。Curve25519は素数2^{255} - 19、Curve448は2^{448} - 2^{224} - 1をベースとした楕円曲線を利用することからこのように名付けられています。

楕円曲線暗号は、そのままでは鍵の値によって処理速度が大きく異なるため、通常はブラインディングという処理を加える必要があるのですが、これは処理速度を落とす原因となります。しかし、使用する曲線に対応する特別な曲線（ツイスト曲線）を利用することで、処理速度を犠牲にすることなく楕円曲線暗号の処理を実現することができることが知られています。

そうした曲線の1つがツイストエドワード曲線であり、それを利用した楕円曲線による署名スキームとしてはEdDSAがあります。特に、Curve25519をもとにEdDSAを適用したEd25519や、また同様にCurve448をもとにしたEd448が標準として規定されています。

3.8 公開鍵証明書

3.8.1 信頼モデルの基本形

　公開鍵証明書は、公開鍵をその所有者の同定、証明書の発行者、署名アルゴリズムなどの属性情報と結びつけるための証明書です。公開鍵は単なるバイナリデータであり、誰でも完全なコピーを作れてしまうため、公開鍵が所有者本人のものであることを証明するためには別の方法が必要となります。それが公開鍵証明書です。公開鍵証明書は初期にはSSLにおけるサーバー認証に使用されたため、SSL証明書とも呼ばれています。

　図3.23に、公開鍵証明書とそれによる信頼モデルの基本形を示します。信頼モデルは、公開鍵証明書によってアイデンティティを証明しようとする「主体者」、主体者のアイデンティティが正当であることを認証しようとする「認証者」、そして両者が信頼する「トレント」の3者によって構成されます。

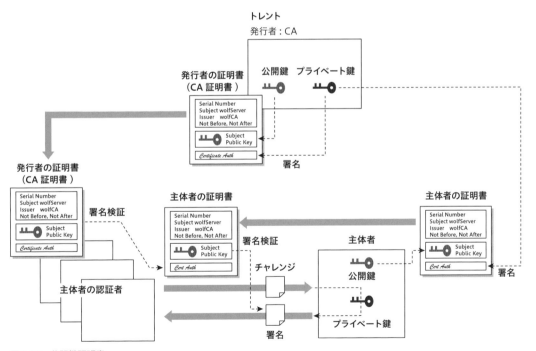

図3.23　公開鍵証明書

　トレントの証明書は不特定多数に公開しても主体者偽証に利用することはできません。CAは自分の証明書を一般に公開しており、不特定多数の認証者が主体者のアイデンティティを認証することができます。このように、このモデルでは、一人の主体者に対してそのアイデンティティを認証しようとする認証者が直接主体者にアクセスすることなく、また複数の認証者がいても機能するモデルとなっています。

　証明書に含まれている公開鍵は主体者の公開鍵であり、対応するプライベート鍵は主体者によって他者から参照されないよう適切に管理されます。また、署名は信頼するトレント（通常はCA）が自分のプライベート鍵を使って署名します。

　このようにして作成された証明書は、CAの公開鍵を使って証明書の署名の正当性を確認することで、証明書がそのCAによって署名されたものであること、つまり証明書の真正性（証明書に含まれている公開鍵や所有者の同定情報その他が改竄されたものでないこと）が確認できます。そのために、CAの公開鍵も公開鍵証明書に格納してCAの証明書として用意します。この証明書にはCA自身が署名します（自己署名証明書）。そして署名した証明書は認証者が参照できるように公開しておきます。

　認証者はまた、証明書の所有者への適当なチャレンジに対し、所有者のプライベート鍵による署名を求めます。その署名の正当性を証明書に含まれている公開鍵でその正当性を確認することで、真正な所有者であることを確認できます。チャレンジの内容は両者が共有しているものであれば必ずしも特別なメッセージを送る必要はありません。TLSではハンドシェイク中のメッセージをチャレンジとして署名する方法が使われています。

　ここまで、公開鍵証明書の基本となる信頼モデルについて説明しました。公開鍵証明書を実用的に運用するためには、さらに世界中に広がる広範囲かつ膨大な数の証明書の利用者全員が信頼できる「署名の信頼性」を担保することが必要となります。そのための信頼モデル、証明書の発行、正当性、失効などについては3.9節で説明します。

3.8.2　標準

📓 X.509

　ITUが定めるX.509は、公開鍵証明書の標準規格として最も広く普及、利用されています。X.509は最初のバージョンが1988年に公開され、その後v2、v3と改訂されています。IETFではv3が参照され、RFC 5280として規定されています。TLSではX.509 v2またはv3を使用することが義務付けられています。

　X.509証明書は、TBS証明書フィールド、署名アルゴリズム、署名値の3つのフィールドを含みます（表3.5）。TBS証明書フィールドは基本的な属性情報のフィールドであり、バージョン、シリアル番号、署名アルゴリズムID、発行者情報、証明書の有効期間、主体者（公開鍵の所有者）情報、証明しようとする主体者の公開鍵情報として、公開鍵アルゴリズム、公開鍵の値を含みます。署名アルゴリズム、署名値はCAがこの証明書に署名した署名アルゴリズムと署名値です。

表3.5 X.509証明書のフィールド

証明書	フィールド	説明
TBS証明書	バージョン（Version）	証明書のバージョン。拡張がある場合はv3
	シリアル番号（SerialNumber）	CAが証明書ごとに割り当てる正の整数値
	署名（Signature）	CAが署名に使用するアルゴリズム。下の署名アルゴリズムと同じ値
	発行者（Issuer）	証明書の発行者の情報。空でないDN（Distinguished Name）※
	有効性（Validity）	UTCTime／GeneralizedTimeによる開始、終了日付
	主体者（Subject）	証明書の証明主体（CA）の情報。空でないDN
	主体者公開鍵情報（SubjectPublicKeyInfo）	公開鍵値と使用されるアルゴリズム（RSA、DSA、DHなど）
	発行者ID（IssuerUniqueID）	オプション（省略可）
	主体者ID（SubjectUniqueID）	オプション（省略可）
	拡張	X.509 v3拡張フィールド
署名アルゴリズム		CAが署名に使用するアルゴリズム。オブジェクトIDと付帯情報によるアルゴリズムID
署名値		ASN.1 DERによる署名値

※DNの標準属性としては以下のようなものがあります。
- 国（country）
- 組織名（organization）
- 組織内部署（organizational unit）
- DN qualifier（distinguished name qualifier）
- 州もしくはprovinceの名前
- common name（例： "Susan Housley"）
- シリアル番号

　X.509 v3では、拡張フィールドとして、証明書に記載できる情報が大幅に追加されました。拡張フィールドは「標準拡張フィールド」と「コミュニティ拡張フィールド」に分かれ、標準拡張フィールドはv3証明書の場合には必ず含まれます。拡張フィールドとしては、機関鍵識別子、サブジェクト鍵識別子、鍵用途、秘密鍵有効期限、サブジェクト代替名称、基本的制約、その他が含まれます。

📖 ASN.1（Abstract Syntax Notation One）

　ASN.1は、X.509を始めネットワーク／コンピューターで使われるデータを汎用的な可変長レコードの集合として表現し、データ形式を厳密に定義するための標準です。当初CCITTのX.409勧告の一部として策定され、その後X.208、X.680シリーズへと改訂されて引き継がれていますが、今日でもASN.1の呼称が広く使われています。

　ASN.1ではオブジェクトの型とその値を列挙することで対象データを記述します。基本的な型には整数（INTEGER）、浮動小数点数（REAL）、可変長ビット列（BIT STRING）、可変長バイト列（OCTET STRING）、真偽値（BOOLEAN）の他、UTCTime、GeneralizedTimeによる日付時刻のようなものも含まれています。また、SEQUENCEのように複数のオブジェクトをまとめるための構文も準備されています。

　例えば、前述のX.509証明書がTBS証明書フィールド、署名アルゴリズム、署名値の3つのオブジェクトの並びからできていることはASN.1では次のように記述します。

```
Certificate ::= SEQUENCE {
    tbsCertificate TBSCertificate,
    signatureAlgorithm AlgorithmIdentifier,
    signatureValue BIT STRING }
```

　これにより、TBS証明書フィールドは**TBSCertificate**という名前でさらに構造が定義されること、署名アルゴリズムも**AlgorithmIdentifier**で定義される構造を持っていること、そして、署名値はビット列で表されることがわかります。

　他にも、**TBSCertificate**や**AlgorithmIdentifier**の構造は次のように定義されています。

```
TBSCertificate ::= SEQUENCE {
    version [0] EXPLICIT Version DEFAULT v1,
    serialNumber CertificateSerialNumber,
    signature AlgorithmIdentifier,
    issuer Name,
    ... }

AlgorithmIdentifier ::= SEQUENCE {
    algorithm OBJECT IDENTIFIER,
    parameters ANY DEFINED BY algorithm OPTIONAL }
```

エンコーディング規則

　ANS.1は、データ構造の定義に加えて、個々の要素の値も記述することができます。これにより、X.509証明書の構造だけでなく、特定の証明書の具体的なデータについても記述することができます。しかし、ASN.1はデータの論理的な表記のみを規定するので、それを物理的なデータ構造にマッピングするためのエンコーディング規則が必要です。

　BER（Basic Encoding Rules）は最初に策定されたASN.1のエンコーディング規則です。各オブジェクトはオブジェクトの種別を表すTLV（Tag-Length-Value：タグ−長さ−値）の3つから構成される可変長レコードです。しかし、BERでは複数の異なるエンコーディングオプションを許していたため、特定の証明書に署名をする際、エンコーディングオプションの選び方によって署名値が異なってしまうという問題がありました。

　そんなBERの問題を解決するために、DER（Distinguished Encoding Rules）では1つのASN.1記述が常に1つのエンコード結果に対応するよう、エンコーディング規則を整理しました。DERのオブジェクトもBERと同様に、オブジェクトの種別を表すタグ、長さ、値（TLV）の3つから構成される可変長レコードの集合ですが、エンコードの結果は一意に決定します。したがって、ASN.1で定義された証明書はDERシリアライズ結果に署名することで必ず同じ署名が維持されます。

　DERはX.509証明書や鍵のエンコーディング方式として広く利用されています。TLSにおいても、プロトコル中の公開鍵証明書や鍵の具体値はDER形式で規定されています。

　PEM（Privacy Enhanced Mail）は、ASN.1のシリアライズ規則としてX.509関連の規定に含まれているものではありませんでした。この規定は当初IETFで、その名が示すようにメールメッセージの秘匿性向上のためのエンコード規則として制定されました。しかし、その目的での標準はPGPやS/MIMEに引き継がれ、文字どおりの「Privacy Enhanced Mail」としてはほとんど使用されることはありませんでした。現在では、規定の内容はテキストエンコーディング規則としてRFC 7468に引き継がれ、X.509証明書、CSRなどASN.1のDERシリアライズデータをASCIIテキストで表記するための構文規則として、広く利用されています。

📖 公開鍵証明書の例

　PEMによるサーバー証明書の例を下に示します。PEM形式による証明書の本体は、下のほうの"-----BEGIN CERTIFICATE-----"で始まり、"-----END CERTIFICATE-----"で終わる行までですが、opensslコマンドなどで表示させると、このように人間にわかりやすい形式で証明書の内容を表示させることもできます。

　証明書の中には、証明書に署名をした証明書の発行者（Issuer）の情報や、格納されている公開鍵とペアのプライベート鍵を持っている主体者（Subject）の情報とその公開鍵本体、証明書全体に対する署名情報なども格納されていることがわかります。

```
Certificate:
    Data:
        Version: 3 (0x2)
        Serial Number: 1 (0x1)
        Signature Algorithm: sha256WithRSAEncryption
        Issuer: C=US, ST=Montana, L=Bozeman, O=SWT, OU=Consulting, ⮕        発行者の情報
CN=www.wolfssl.com/emailAddress=info@wolfssl.com
        Validity
            Not Before: Feb 10 19:49:53 2021 GMT
            Not After : Nov  7 19:49:53 2023 GMT
        Subject: C=US, ST=Montana, L=Bozeman, O=wolfSSL, OU=Support, ⮕       主体者の情報
CN=www.wolfssl.com/emailAddress=info@wolfssl.com
        Subject Public Key Info:
            Public Key Algorithm: rsaEncryption
                Public-Key: (2048 bit)
                Modulus:
                    00:c0:95:08:e1:57:41:f2:71:6d:b7:d2:45:41:27:      主体者の公開鍵
                    01:65:c6:45:ae:f2:bc:24:30:b8:95:ce:2f:4e:d6:
                    ...
                    a7:aa:eb:c4:e1:e6:61:83:c5:d2:96:df:d9:d0:4f:
                    ad:d7
                Exponent: 65537 (0x10001)
        X509v3 extensions:
            X509v3 Subject Key Identifier:
                B3:11:32: ... 1F:0E:8E:3C
            X509v3 Authority Key Identifier:
                keyid:27:8E:67: ... :D8:1D:30:E5:E8:D5
                DirName:/C=US/ST=Montana/L=Bozeman/O=SWT/OU=Consulting/⮕
CN=www.wolfssl.com/emailAddress=info@wolfssl.com
                serial:AA:D3:3F:AC:18:0A:37:4D

            X509v3 Basic Constraints:
                CA:TRUE
            X509v3 Subject Alternative Name:
                DNS:example.com, IP Address:127.0.0.1
            X509v3 Extended Key Usage:
                TLS Web Server Authentication, TLS Web Client Authentication
    Signature Algorithm: sha256WithRSAEncryption
        1b:0d:a6:44:93:0d:0e:0c:35:28:26:40:31:d2:eb:26:4c:47:
        5b:19:fb:ad:fe:3a:f5:30:3a:28:d7:aa:69:a4:15:e7:26:6e:       証明書に対する署名
        ...
        98:ac:73:e3:a7:d2:02:30:d6:1f:06:1e:d0:dc:3a:ac:f4:c2:
        c2:be:72:40:9a:ea:cf:35:21:3b:56:6d:e1:52:f2:80:d7:35:
        83:97:07:cc
-----BEGIN CERTIFICATE-----
MIIE3TCCA8WgAwIBAgIBATANBgkqhkiG9w0BAQsFADCBlDELMAkGA1UEBhMCVVMx
EDAOBgNVBAgMB01vbnRhbmExEDAOBgNVBAcMB0JvemVtYW4xETAPBgNVBAoMCFNh
d3Rvb3RoMRMwEQYDVQQLDApDb25zdWx0aW5nMRgwFgYDVQQDDA93d3d3cud29sZnNz
...                                                                  証明書の本体
OqRhtmzKvuGwd/Psg9WMHYV/jXTI7B5J7FdKzP3iOj5UUK5nzRewZ6VTf8MOPqdY
6N/VDPJk860ScOO5QrwIYHbVDKUxd1DgyPM6PUXPMnXvEN217W7SLVeClTi8fVTE
hF77foP18S2cmKxz46fSAjDWHwYe0Nw6rPTCwr5yQJrqzzUhO1Zt4VLygNc1g5cH
zA==
-----END CERTIFICATE-----
```

図3.24　サーバー証明書の例

3.9　公開鍵基盤（PKI）

3.9.1　公開鍵証明書による信頼モデル

　インターネットのように不特定多数が利用するネットワーク通信では、通信の相手方の正当性を確認することが重要な課題となります。TLSでは公開鍵証明書をベースとしたピア認証をプロトコル標準としており、プロトコルを支える基盤として公開鍵基盤（PKI：Public Key Infrastructure）による信頼モデルが構築／運用されていることを前提としています。3.8節で公開鍵証明書の原理と、基本となる単純な信頼モデルについて説明しました。しかし、この基本的な信頼モデルだけでは1つのトレントが世界中に広がる巨大な数の認証者や主体者を取り扱わなければならなくなりますが、それでは性能と信頼性の両面において、ネットワークスケーラビリティのネックとなってしまいます。

階層モデル

　階層モデルは基本の信頼モデルを簡単に拡大できるモデルであり、現在運用されている多くの認証システムで利用されています。階層モデルでは、信頼できるCAと認証主体の間に中間のCAをツリー状に置くことで取り扱うことのできるネットワークの規模を拡大します。信頼の頂点に位置するCAをルートCA（ルートノード）と呼び、下位のCAを中間CAと呼びます。中間CAの階層は複数に拡大することも可能です。

　中間CAの証明書はルートCAによって署名され、主体者の証明書は中間CAによって署名されます。アイデンティティを認証する場合は、主体者の証明書と同時に中間CAの証明書を提示することで、認証者は信頼のチェーンをたどることができます。

　TLSでは、認証を受けようとするノードは自分の証明書と同時に上位のCAの証明書をチェーンさせて認証者に送ります。これによって、認証者は最終的に自分の持っているルートCAの証明書まで信頼のチェーンをたどることができます。

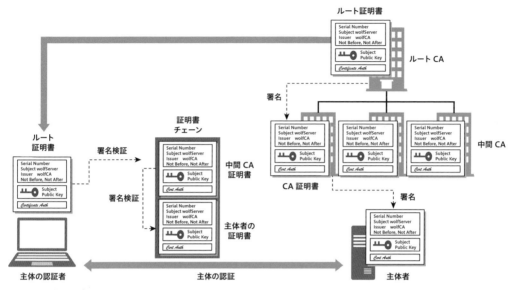

図 3.25　階層モデル

相互認証モデル

　このような階層モデルは、複数の異なるルートCAによって、独自の運用ポリシーを持つ階層モデルのツリーを作ることができます。図3.26のように、異なる運用ポリシーを持った階層モデルのルートCA同士が相互に認証し合うことで複数の階層モデル間で相互接続することも可能です。そのような認証を行うことにより、片方のルートCAを信頼の起点として、相手のツリー下のノードの信頼関係をたどることができるようになります。

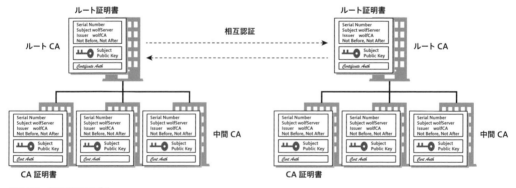

図 3.26　相互認証モデル

📖 Webモデル

　一方、アイデンティティを認証する側が信頼するルートCAを複数持ち、複数の階層モデルにアクセスすることもできます。このようなモデルは当初Webアクセスでブラウザーが複数の信頼の起点となるCAを持つようにしたことから、Webモデルと呼ばれています。

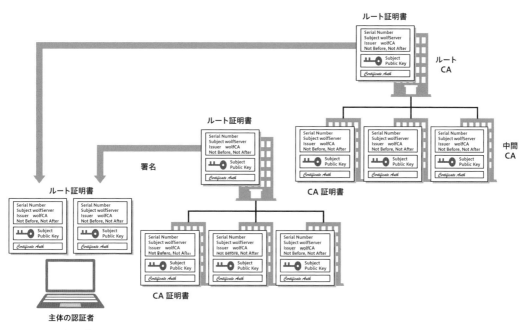

図3.27　Webモデル

📖 信頼モデルの運用ポリシー

　このような階層モデルによる信頼モデルでは、（技術的には）任意のルートCAを立てることにより任意の階層モデルを作ることが可能になります。実験的な自己署名証明書を用意して私的なCAを立てることもできますし、大規模な商用CAの信頼モデルもこのような公開鍵証明書による信頼モデルによって構築することができます。そして、そこに含まれるノードの現実の信頼性は、もっぱらCAの運用ポリシーによって決まることになります。

　インターネットにおける公的なCAの運用ポリシーについては、インターネットX.509「PKIによる証明書ポリシーと認証実施フレームワーク」がRFC 3647によって規定されています。また、それぞれのCAは認証運用規定（CPS：Certification Practice Statement）を定義し、それにもとづいた運用をすることになっています。

3.9.2 証明書のライフサイクル

証明書の発行

　CSR（Certificate Signing Request：証明書署名要求）は、CAによる公開鍵証明書の発行を要求するためのフォーマットです。標準は、当初PKCS #10によって標準化され、RFC 2986に引き継がれています。

　サーバー認証を受けたいサーバーなど、公開鍵証明書を必要とする主体者（Subject）は、CSRによってCAに対する公開鍵証明書の発行要求を行うことができます。CSRには、主体者の公開鍵とアイデンティティ情報とともに、CSRの偽造を防ぐための「主体者の秘密鍵による署名」が含まれます。受け取ったCAは、これらの情報に証明書を識別できるシリアル番号や署名者としてのCAのアイデンティティ情報などを付加し、CAの秘密鍵によって署名をします。

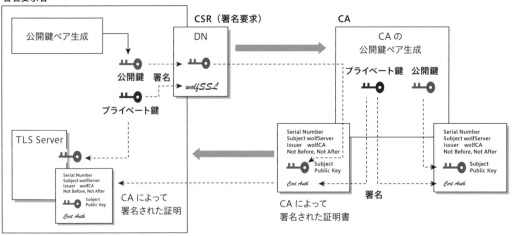

図3.28　証明書の発行

証明書の正当性と失効

　公開鍵証明書は、秘密鍵の流出など不測の事態には有効期限内でも失効させることができます。このため、受け取り側は受け取った証明書の有効性について確認する必要があります。証明書の有効性情報の入手は、当初CRLやOCSPのようにTLSハンドシェイクのスコープの外で実現されていました。OCSP Staplingではハンドシェイクの一部としてTLS拡張に取り込まれ、TLS 1.3でそれらが整理され現在に至っています。

　ここではその経緯を含めてまとめますが、現在ではOCSP Stapling v2以降の使用が推奨されます。また、TLSの基本的なピア認証プロトコルはクライアント／サーバーでほぼ対称となっているのですが、クライアント認証におけるOCSPはTLS 1.3で初めてサポートされました。

証明書失効リスト（CRL：Certificate Revocation List）

初期の証明書有効性の管理メカニズムとして、失効した証明書の一覧として証明書失効リスト（CRL）のフォーマットが標準化されました。クライアントはCRLを定期的に入手しておくことで、受け取った証明書の有効性を確認することができます。しかし、クライアント自身がCRL内の証明書情報を確認しなければならず、ネットワークの規模が大きくなってリストのサイズが大きくなると、クライアントにとって負担となってしまいます。

図3.29 CRL（RFC 5280）

OCSP：Online Certificate Status Protocol

CRLのような負担を軽減するために、受け取った証明書だけに絞ってその有効性をOCSPレスポンダーに問い合わせるプロトコルとしてOCSP（RFC 6960：Online Certificate Status Protocol）が開発されました。OCSPの場合、クライアントはOCSPレスポンダーに対して有効性を確認したい証明書のシリアルナンバーを送り、レスポンダーは問い合わせを受けた証明書についての確認結果を返すので、クライアントの処理負荷がある程度軽減されます。

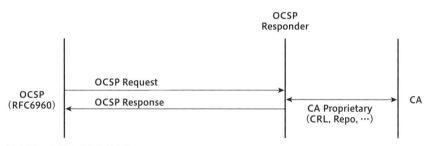

図3.30 OCSP（RFC 6960）

しかし、このネットワーク構成ではレスポンダー側にトラフィックが過剰に集中してしまう点が大きな課題となってしまいました。また、レスポンダーがどのような形で失効情報を得るかについては規定されていないので、レスポンダーが参照する失効情報自身のリアルタイム性が保証されているわけではありませんでした。

📖 OCSP Stapling

　先述のように、初期のOCSPでは証明書のステータス情報の入手にはTLSとは独立したプロトコルが規定されていました。しかし、その後開発されたOCSP Staplingでは、クライアントは（OCSPレスポンダーではなく）サーバーに対して、TLSハンドシェイクの一環としての証明書の有効性確認要求を行うことになり、そのプロトコルが標準化されました。これによってクライアントにとってのOCSPはTLSの一環となり、サーバーからの確認結果だけで証明書の有効性を判定できるようになりました。

　具体的には、クライアントからの要求にはRFC 6066でTLS拡張の1つとして追加された証明書ステータス要求（Certificate Status Request）を使用します。これに伴い、サーバーからの応答としてハンドシェイク時のメッセージに**CertificateStatus**が追加されました。サーバーは**CertificateStatus**メッセージにOCSP Responseを乗せることにより、証明書ステータスを返します。

　通常、サーバーは1つのOCSPレスポンダーに対応する多数のクライアントからのアクセスを処理しているはずです。OCSP Staplingでは、サーバーは図3.31に示すように多数のクライアントからのOCSP要求をまとめる役割を果たすことになります。これにより、ネットワークトラフィックへの負荷は大幅に削減できるようになりました。

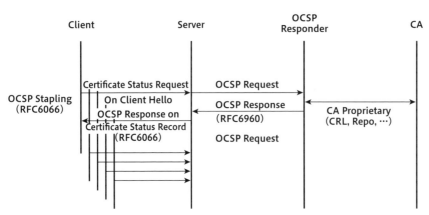

図3.31　OCSP Stapling（RFC 6066）

📖 OCSP Stapling Version 2

　CAは通常、階層構造を構成しており、それに対応した複数の証明書がチェーンされます。有効性確認は中間CAを含めた証明書についても行う必要がありますが、TLS 1.2では「1つの**Client Hello**メッセージには1つの証明書ステータス要求拡張しか設けられない」という制限があり、中間CA証明書のステータスを含めて要求することができませんでした。

　これを解決するためOCSP Stapling バージョン2として、RFC 6961（Multiple Certificate Status

Request Extension）で規定が修正拡張されました。バージョン2では、クライアントへのサーバーの応答がCAに対する有効性確認時のタイムスタンプも含みます（RFC 6962：Signed Certificate Timestamp）。これにより、クライアントはレスポンスの鮮度を含めて証明書の有効性を確認することができるようになりました。サーバー側も、鮮度が許す限りCAへの有効性確認要求を束ねることができるので、問い合わせに対応するCAの負荷を大幅に削減することができるようになりました。

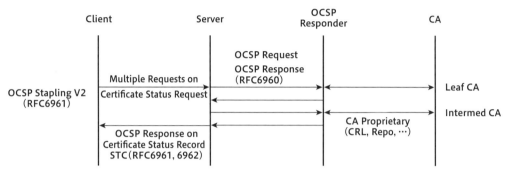

図3.32 OCSP Stapling Version 2（RFC 6961）

▐ TLS 1.3のOCSP Stapling

　TLS 1.3では、複数のOCSPレスポンダーの証明書ステータスが存在できるようになり、この障害がなくなりました。そのためTLS 1.3では、クライアントからのステータス確認要求においての、RFC 6961が規定する複数証明書ステータス拡張が廃止され、当初のRFC 6066の証明書ステータス要求のほうが採用されています。サーバーからのレスポンスもCertificate Entry拡張内に対応する証明書とともに、RFC 6066に準拠したOCSP Responseが設けられました。

　TLS 1.3ではリクエストとレスポンスのためのTLS拡張が整理されたことにより、サーバーからクライアントに対しても同様の証明書ステータス要求を出すことができるようになりました。この場合、サーバーはCertificate Requestメッセージにstatus_request拡張を乗せて要求を出します（RFC 8446 Section 4.4.2.1）。

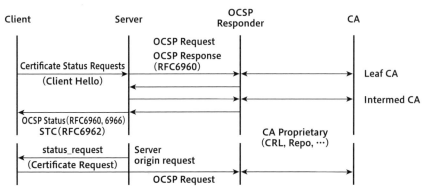

図3.33 OCSP Stapling TLS 1.3（RFC 8446）

Chapter

4

TLSを支える標準

　IETF（Internet Engineering Task Force）は、インターネットプロトコルの標準化を目的とした標準化団体であり、TCP/IPをはじめとして多くのインターネットの基本となるプロトコル標準を策定してきました。

　それらの標準はRFC（Request For Comments）という形で発行されており、例えばTLS 1.3の骨子はRFC 8446にまとめられています。

　しかし、その詳細はそれぞれ個別のRFCで定義されています。また、それらの定義は別の標準化団体の標準をベースとしていることもあります。そのため、TLSプロトコルの標準を正しく理解するためには、そうした規定同士の関係や、元になる標準までさかのぼって理解する必要が生じることも多々あります。

　そこで本章では、そういったTLSにまつわる標準規定の関係を俯瞰的に見ていきます。

4.1　IETFによる標準化

　IETFによるTLSに関する標準としては、最初のバージョンとしてRFC 2246が策定され、その後の改版を経て今日のRFC 8446（TLS 1.3）となっています。

　表4.1に、TLSとDTLS[1]に関連するRFCを示します。

表4.1　TLS／DTLS関連のRFC

技術分野	RFC番号	説明	備考
SSL/TLS	6101	セキュアソケットレイヤー（SSL）プロトコルバージョン3.0	
	2246	TLS プロトコル v1.0	RFC 4346により廃止
	4346	TLS プロトコル v1.1	RFC 5246により廃止
	5246	TLS プロトコル v1.2	RFC 8446により廃止
	8446	TLS プロトコル v1.3	
	6176	SSLバージョン2.0の禁止	
	7568	SSLバージョン3.0の廃止	
	8996	TLS 1.0とTLS 1.1の廃止	
DTLS	4347	データグラムトランスポートレイヤーセキュリティ	RFC 6347により廃止
	6347	データグラムトランスポートレイヤーセキュリティバージョン1.2	
	Draft	データグラムトランスポートレイヤーセキュリティバージョン1.3	

　また、これらプロトコル規定の詳細は個別のRFCとして規定され、参照されています。表4.2に、TLS 1.3の詳細を規定するRFCをまとめます。

---

[1]　UDPなど、データグラムプロトコルのセキュリティを実現するためのプロトコル。

表4.2　TLSのRFCが参照する個別のRFC

技術分野	RFC番号	説明	備考
TLS拡張	6066	TLS拡張：拡張定義	
	4366	TLS拡張	RFC 6066により廃止
	6520	TLSおよびDTLSハートビート拡張	
	8449	TLSのレコードサイズ制限拡張	
	7627	TLSセッションハッシュおよび拡張マスターシークレット拡張	
	7685	TLS Client Helloパディング拡張	
	7924	TLSキャッシュ情報拡張	
	7301	TLSアプリケーション層プロトコルネゴシエーション拡張	
	8422／7919	サポートする楕円曲線暗号グループ拡張	
	5746	TLS再ネゴシエーション表明拡張	
	7250	クライアントがサポートする証明書タイプ拡張	
OCSP	6960	オンライン証明書ステータスプロトコル（OCSP）	
	6961	複数証明書のステータス要求拡張	RFC 8446により廃止
	6962	証明書の透明性、署名付き証明書タイムスタンプ拡張を規定	
	8954	OCSPナンス拡張	
乱数	4086	セキュリティのためのランダム性要件	
ハッシュ	3174	USセキュアハッシュアルゴリズム 1（SHA-1）	
	4634	USセキュアハッシュアルゴリズム（SHAとHMAC-SHA）	RFC 6234により廃止
	6234	USセキュアハッシュアルゴリズム（SHA、SHA-based HMAC、HKDF）	
共通鍵暗号	1851	ESP 3DES Tansform	
	3602	AES-CBCアルゴリズムとIPsecでの使用	
	3686	AES-CTRモードをIPsecのESPとしての使用	
	5288	TLS向けAES-GCM暗号スイート	
	6655	TLS向けAES-CCM暗号スイート	
	(Draft)	RC4	
	7465	RC4暗号スイートの禁止	
	5932	TLSのためのCamellia暗号スイート	
	8439	IETFプロトコル向けChaCha20とPoly1305	
	5116	認証された暗号化のためのインターフェイスとアルゴリズム	
鍵導出	5705	TLSのための鍵要素エクスポート	
	5869	HMACベースのエクストラクトーエキスパンド鍵導出関数（HKDF）	
	8018	パスワードベース鍵導出（PBKDF2）	
RSA	8017	PKCS #1：RSA暗号化仕様バージョン2.2	
	5756	RSA-OAEPとRSA RSASSA-PSSアルゴリズムパラメーターのアップデート	
楕円曲線	7748	セキュリティのための楕円曲線	
	8422	TLS 1.2以前の楕円曲線暗号スイート	
鍵合意	7250	TLSおよびDTLSでの未加工公開鍵の使用	
	7919	TLSのネゴシエーション済み有限体DH一時パラメーター	
署名	6979	デジタル署名アルゴリズム（DSA）と楕円曲線デジタル署名アルゴリズム（ECDSA）の使用法	
	8032	エドワーズ曲線デジタル署名アルゴリズム（EdDSA）	
証明書	3647	インターネットX.509 PKIによる証明書ポリシーと認証実施フレームワーク	
	5280	X.509公開鍵インフラストラクチャー証明書および証明書失効リスト（CRL）プロファイル	

4.2　公開鍵標準（PKCS）

　PKCS（Public Key Cryptography Standards）は、RSAセキュリティ社により、PKI（公開鍵基盤）を具体的な標準として定めることを目的として、公開鍵暗号技術の初期段階から策定された一連の標準です。今日では、その多くがIETFのRFCに引き継がれ、インターネットプロトコル標準のベースとして参照されています（表4.3）。

表4.3　PKCSとRFC

PKCS番号	RFC番号	内容
#1	8017	RSA暗号スキーム
#2	−	PKCS #1へ統合され廃止
#3	−	ディフィー・ヘルマン鍵共有
#4	−	PKCS #1へ統合され廃止
#5	8018	パスワードベース鍵導出（PBKDF2）
#6	−	X.509証明書v1の拡張構文。X.509 v3により破棄
#7	5652	暗号メッセージ構文（CMS：Cryptographic Message Syntax）
#8	5958	秘密鍵情報の構文
#9	2985	選択されたオブジェクトクラス、属性タイプ
#10	2986／5967	証明書署名要求（CSR：Certificate Signing Request）
#11	−	暗号トークンインターフェイス。HSM（Hardware Security Module）のためのAPI
#12	7292	パスワードベース暗号によるファイル保護。個人情報交換のための構文
#13	−	楕円曲線暗号
#14	−	疑似乱数
#15	−	暗号トークンフォーマット

4.3 X.509

X.509はITU-T[2]の定めるPKI（公開鍵基盤）のための幅広い標準規格であり、TLSの中では公開鍵証明書の標準として利用されています。X.509は最初のバージョンが1988年に公開され、その後v2、v3と改訂されています。IETFではv3が参照され、RFC 5280として規定されています。なお、TLSではX.509 v2またはv3を使用することが義務付けられています。

ASN.1（Abstract Syntax Notation One、抽象構文記法1）は、X.509を始めネットワーク、コンピューターで使われるデータを汎用的な可変長レコードの集合として表現し、データ形式を厳密に定義するための標準です。当初CCITT（Comité Consultatif International Télégraphique et Téléphonique、国際電信電話諮問委員会）によるX.409勧告の一部として策定されました。その後X.208、X.680シリーズへと改訂され、現在に引き継がれていますが、今日でもASN.1の呼称が広く使われています。

ASN.1はデータの論理的な表記のみを規定します。そのため、それを物理的なデータ構造にマッピングするためにはエンコーディング規則が必要であり、BER（Basic Encoding Rules）、DER（Distinguished Encoding Rules）などが定められています。なお、DERとともに広く利用されているPEM（Privacy Enhanced Mail）のエンコード規定は、IETFでメールメッセージの秘匿性向上のためのエンコード規則として制定されました。

4.4 NISTによる標準規定

アメリカ国立標準技術研究所（NIST：National Institute of Standards and Technology）は、コンピューターセキュリティのためにSP-800（Special Publication 800）シリーズ、FIPS Pub（Federal Information Processing Standards Publication）シリーズの一連のガイドライン、および推奨ドキュメントを発表しています。これらのドキュメントは米国連邦政府による規定で、国際標準ではないものの、多くのドキュメントがインターネットにおける標準のベースとして参照し、国際的な標準にも取り入れられています。

---

[2] ITU（International Telecommunications Union、国際通信連合）の電気通信標準化部門（Telecommunication sector）。

表4.4 NISTによる標準規定

ドキュメント	内容	タイトル
SP800-38D	GCM/GMAC	Recommendation for Block Cipher Modes of Operation: Galois/Counter Mode (GCM)and GMA
SP800-38C	CCM	Recommendation for Block Cipher Modes of Operation: the CCM Mode for Authentication and Confidentiality
SP800-38B	CMAC	Recommendation for Block Cipher Modes of Operation: the CMAC Mode for Authentication
SP800-38A	CBC	Recommendation for Block Cipher Modes of Operation: Three Variants of Ciphertext Stealing for CBC Mode
SP800-52 Rev. 2	TLS利用ガイドライン	Guidelines for the Selection, Configuration, and Use of Transport Layer Security (TLS) Implementations (2nd Draft)
SP800-56C	鍵導出	Recommendation for Key-Derivation Methods in Key-Establishment Schemes
SP 800-90A	疑似乱数	Recommendation for Random Number Generation Using Deterministic Random Bit Generators
SP 800-90B	真性乱数	Recommendation for the Entropy Sources Used for Random Bit Generation
SP 800-131A REV. 2	鍵長	Transitioning the Use of Cryptographic Algorithms and Key Lengths
FIPS PUB 197	AES	Advanced Encryption Standard (AES)
FIPS PUB 198-1	HMAC	The Keyed-Hash Message Authentication Code(HMAC)
FIPS 186-4	DSS	Digital Signature Standard (DSS)
FIPS 180-4	SHA-1、SHA-2	Secure Hash Standard (SHS)
FIPS 202	SHA-3	SHA-3 Standard: Permutation-Based Hash and Extendable-Output Functions
FIPS 140-2/3	暗号アルゴリズムのセキュリティ要件	Security Requirements for Cryptographic Modules

セキュリティ上の
課題

　本章では、TLSを利用したアプリケーションやシステムを開発するうえで重要となるセキュリティ上の課題について、

- 脆弱性の生じる原因箇所
- 安全性に対する脅威と攻撃手法
- 脆弱性インシデントの管理

に関し、TLSを利用するアプリケーションやシステムの開発者として一般的に認識しておかなければならない観点を簡単にまとめます。

5.1　脆弱性の階層

　「脆弱性」という言葉に厳密な定義があるわけではありませんが、一般的には、ソフトウェア製品／システムの機能や性能を損なう原因となる、セキュリティ上の問題箇所を意味します。

　ただし、一言で「脆弱性」といっても、その原因や対策はさまざまです。ここではまず、セキュリティシステムの階層ごとにその要因と性質について見ていきます。

5.1.1　暗号アルゴリズム

　セキュリティの最も基本的な部分を担うのは、個々の暗号アルゴリズムです。セキュリティプロトコルに利用される暗号アルゴリズムは、コンピューターセキュリティの歴史の中で数々の改善が重ねられてきました。今日利用されるアルゴリズムは細心の注意を払って設計、標準化されており、このレイヤーでアルゴリズムそのものに脆弱性が検出されることは極めてまれです。

　とはいえ、そうした暗号アルゴリズムを使って最終的に安全なシステムを実現するためには、いくつかの点に注意しなければなりません。

　例えば、Chapter 3でも述べたように、今日の暗号アルゴリズムのほとんどは鍵のランダム性に依存しています。そのため鍵のランダム性が保証されない場合、その鍵長で保証されるだけの安全性が実現できないことになります。また鍵値を鍵長の自由度より高い確率で予測できるような場合、その分だけ実質的に短い鍵を使用しているのと等価といえ、鍵値を容易に推測される原因になってしまいます。

　デジタル技術の進歩、性能の向上は、攻撃側を利する側面もあります。歴史上のある時点で特定の鍵長の暗号アルゴリズムが安全であったとしても、年月を経るうちに、攻撃側の技術とともに性能、攻撃能力も向上することを考慮しなければなりません。このような現象を暗号アルゴリズムの「危殆化」と

呼びます。

Chapter 2および3でも触れたように、プロトコル標準が取り入れている暗号アルゴリズムの種別や鍵長は、プロトコルのバージョンアップとともに見直されています。しかし、標準の見直しには長い時間がかかる場合も多く、危殆化のスピードのほうが標準の進化より速くなってしまうケースも多々あります。システムの設計、開発者はこうした課題を考慮して、使用するアルゴリズムや鍵長を適切に取捨選択していく必要があります。

5.1.2 プロトコル仕様

先述のように、インターネットの発展とともにSSL／TLSのプロトコル仕様は大きく見直されてきました。そしてTLS 1.3に至り、かなり成熟した標準仕様となったともいえるでしょう。しかし、プロトコルバージョンの移行には長い時間を必要とすることが予想されます。そのためしばらくの間は、やむを得ない理由である程度古いバージョンのプロトコルを維持する必要もあるかもしれません。

古いバージョンにはさまざまな脆弱性リスクが知られています。また、直近のTLS 1.2でも多くの改善が盛り込まれた一方、後方互換性のために古い仕様は捨てきれませんでした。そのため、TLS 1.2を使用する際には、利用する暗号スイートやさまざまな機能を注意して選択しないと、思わぬセキュリティリスクを内包してしまうことになってしまいます。

表5.1 暗号アルゴリズムの危殆化とプロトコル仕様

アルゴリズム種別		TLS 1.2まで	TLS 1.3
共通鍵	ブロック型	DES、TDES、Camellia	AES
	利用モード	ECB、CBC、CTR、CFB	GCM、CCM、CCM_8
	ストリーム型	RC4	Chacha20
ハッシュ	MD4、MD5、SHA-1	SHA-2/256、SHA-2/384	

5.1.3 プロトコル実装

プロトコル実装の品質／安全性と、脆弱性への対応は、各実装ベンダーの努力で担保されることになります。例えば、組み込み向けTLSライブラリベンダーであるwolfSSL社は、同社製品の品質保証について以下のような項目に分けて紹介しています。

基本的品質保証

開発者の手元で行われるローカルテストから、Gitコミット時の検証、プルリクエスト時の自動レグレッションテスト、統合テストとピアレビューによるフィードバックなどのプロセスを規定しています。

品質管理の自動化

Jenkinsをベースとしたオンサイトとクラウドのハイブリッド型のCIを規定しています。これにより、組み込み向け特有のハードウェアアーキテクチャに対応した品質保証の自動化が可能となっています。

暗号アルゴリズム、モジュール

NISTによるFIPS140-2/3など、第三者認証機関による認定を受けています。

相互運用性テスト

多数の他社実装との相互運用性テストを実施しています。

単体テスト

最初の単体テストは開発者のマシンで実行され、単体テストのテストカバレッジは毎週計測され開発者にフィードバックされます。

APIの一貫性、後方互換性検証

実装の変更や機能拡張がAPI仕様を変更していないことなど、バージョン間の一貫性の確認は毎日の自動テストの1項目となっています。

統合テスト

さまざまなアーキテクチャ、コンフィグレーションによるテストを実施しています。

安全性の解析

cppcheck、clang静的解析（scan-build）、Facebook infer、valgrindなど、さまざまな静的分析ツールによる定期的な分析を行っています。また、独自のwolfFjzzによるFuzzingテストは、4兆個のPRNGシードを3カ月で検証します。

脆弱性管理

脆弱性発見からアクションの起動、攻撃者に漏洩しない形での対応コードのレビュー、検証から正式な公開までのプロセスを規定します。

5.1.4 アプリケーション実装

TLSバージョン

できる限り最新のTLSバージョンのみを使用するようにすべきですが、当面はやむを得ずTLS 1.2を使用するケースも想定されます。その場合には、セキュリティリスクを可能な限り下げるよう、使用するオプションを選択する必要があります。例えば、拡張マスターシークレットのような潜在的脆弱性リスクを回避するためのオプションは有効化し、再ネゴシエーションのようなリスクのあるものは無効化すべきです。

暗号スイート

TLS 1.3では、現時点でリスクの認識されている暗号スイートはすべて排除されています。そのため、すべてのスイートを使用することが可能です。ただし、利用モードのCCM、CCM_8などは、比較的低性能のMCU向けであることは認識しておく必要があります。

乱数シード

多くのTLS実装では、実際に内部処理で使用する乱数は、疑似乱数生成などを使って乱数シードで得られる乱数よりランダム性を高める工夫がされています。しかし、乱数シード値もまた、その自由度を高めるよう配慮しておく必要があります。例えば、純粋なソフトウェアによる単純なシード生成では、システム起動時に毎回同じ乱数値を生成することになってしまうので注意すべきです。

開発、テスト用オプション

商用のTLSライブラリでは、多くの場合、アプリケーション開発テスト時に使用できる便利なオプション機能を用意しています。前述の乱数シードを例にすると、アプリケーション開発者が開発当初に特別なものを用意しなくても動作させられるようなテスト用の乱数シード生成機能を用意しています。

しかし、そのようなオプションを誤って運用時に実装してしまうと、思わぬ脆弱性の原因となってしまうため注意が必要です。

エラーログ

十分なテストをして出荷しても、運用時に予期しない異常が発生する場合があります。そのような場合において、原因が確実に究明できるような動作状態のログ機能を実装することが推奨されます。

5.2 脅威と攻撃手法

5.2.1 ネットワーク上の基本的な脅威

　ネットワーク通信では、さまざまなセキュリティ上の脅威が想定されます。TLSプロトコルでは、基本的な脅威として主に、

- 盗聴
- 成りすましおよび不正アクセス
- 改竄

の3つから、情報／システムを守ることを目標としています。

盗聴

　ネットワークセキュリティの初期の基本的な目的は、ネットワーク上を流れる情報の秘匿にありました。TLSでは、この目的のために、ネットワーク上を流れる情報に関しては暗号化し、正当な受信者だけが復号できるようなメカニズムを提供します。また、そのための鍵を安全に交換するための仕組みも含まれています。しかし、以下に示すように、それだけでは十分とはいえません。

成りすまし／不正アクセス

　TLSの利用シナリオにおいて、「成りすまし」はサーバーおよびクライアントの双方で想定されます。
　Webサーバーとブラウザーを例にすると、不正なサーバーが他のサーバーに成りすましてブラウザーからの情報を盗み取るフィッシングがサーバー成りすましの典型例といえます。反対に、クライアント側が不正に他のクライアントに成りすますことで、サーバー側の情報に不正にアクセスしたりサーバーの動作をかく乱させたりするリスクも考えられます。
　IoTデバイスや組み込み機器のような、ROMベースの小規模なデバイスがクライアントとなる場合は、クライアント側の情報には不正アクセスするほどの価値がないように感じるかもしれません。しかし、クライアント側への不正アクセスを許し、クライアントの成りすましを許してしまうことでサーバーへの不正アクセスを許してしまったり、サーバーの動作をかく乱されたりするリスクを招くことにもなります。
　このように、成りすましや不正アクセスによって、ネットワーク上に出ない情報についても盗聴と同

様の行為が可能となってしまいます。成りすましや不正アクセスを阻止するためには、通信の相手方について、正当な相手であることを確認するピア認証が重要です。

📖 改竄

ネットワークを介して通信する際には、中間者攻撃によってデータが改竄されるリスクもあります。受信者が正常にデータを復号できたとしても、それが元のデータである保証はありません。そこでTLSでは、改竄検出のためにレコードごとのHMACベースのメッセージ認証を使用していました。

しかし近年、これでは潜在的リスクが解消できないことがわかり、データの秘匿と改竄検出を同時に行う認証付き暗号（AEAD：Authenticated Encryption with Associated Data）が採用されるようになってきました。TLS 1.3の暗号スイートではAEAD型のみが採用されています。

5.2.2 完全前方秘匿性

近年、セキュリティに対する攻撃者のモチベーションは、個人的興味から大規模な組織やその連携をベースに金銭的利益を目的とするもの、また国家的なものまで非常に多岐にわたるようになっています。

2010年代中頃には、組織的で非常に大規模、長期間にわたる漏洩が明るみに出る事件などもあり、それまでの暗号技術、セキュリティ技術の前提の見直しが迫られる事態にまでなっていました。また、セキュリティを必要とするIT機器についても、データセンターのような物理的／組織的に堅牢に守られた場所での運用や、機器の注意深い廃棄を期待できるとは限らなくなってきています。安価で日常生活や通常の企業活動の場で広く使われる機器にも、セキュリティ上守るべき対象が拡散するようになっています。

例えば公開鍵暗号では、対をなすプライベート鍵が安全に守られていることが大前提ですが、大規模で巧妙な攻撃に対して何らかの原因によりプライベート鍵が漏洩する可能性は否定できません。また、ネットワーク上のトラフィックを非常に長期間大量に蓄積しておくことも可能となってきています。そのような環境では、たとえ通信内容がその時点では守られていたとしても、プライベート鍵のような秘匿情報が漏洩した時点で過去にさかのぼって多量の秘匿情報を解読するようなことも可能となってしまうかもしれません。そういった背景で、そうした事態でも秘匿性を保証できる完全前方秘匿性（PFS：Perfect Forward Secrecy）の概念が提唱され、その必要性が認識されるようになってきました。

TLSでは当初、鍵交換方式として公開鍵証明書の機能と組み合わせた静的RSA方式が広く使用されていました。この方式では、クライアントで生成したプリマスターシークレットをサーバーから送られるRSA公開鍵で暗号化して、サーバーに送ります。この際使われるRSA公開鍵は、サーバー証明書に格納されているものを利用します。この方式ではサーバー認証と鍵交換の情報を共有して行うことができるため、効率のよい運用が可能です。しかし一方、サーバー証明書を頻繁に更新することは現実的でないため、同じ公開鍵を長期間にわたって使い回すことになってしまいます。

このように、静的RSAでは完全前方秘匿性を実現することが難しいため、近年はディフィー・ヘルマン（DH）をベースとした一時鍵（Ephemeral key）方式に移行しつつあります。TLS 1.3でも、静的RSAを完全に廃止して、一時鍵であるディフィー・ヘルマンのみが採用されています。

5.2.3　サイドチャネル攻撃

完全前方秘匿性問題以外にも、純粋にアルゴリズム的な暗号理論の範囲を超える攻撃手法が多数知られています。その1つがサイドチャネル攻撃と呼ばれる一連の攻撃手法です。サイドチャネル攻撃では、暗号処理を行っているコンピューターの物理的特性を外部から観測することで内部の情報を読み取ることを試みます。具体的には、機器の内部で暗号処理を行う際の処理時間、消費電力の変化、外部に発生する電磁波、音、熱などの物理的変化を測定し、解読のヒントとします。このような、正規の情報の出入り口ではない「サイドチャネル」を利用することからサイドチャネル攻撃と呼ばれています。

通常、ハードウェア型の攻撃のうち攻撃対象を破壊しない攻撃をサイドチャネル攻撃に分類します。サイドチャネル攻撃の手法はこれからもさまざまなものが出現すると予想されますが、これまでに知られているものとしては次のようなものがあります。

タイミング攻撃

暗号処理をする機器の入力値を変えることで生じる処理時間の違いを計測して鍵情報などを推測する攻撃手法です。

暗号処理の中でも、特に公開鍵の処理は単純に原理的なアルゴリズムを実現するだけでは入力によって処理時間が大幅に異なり、比較的容易に鍵が推測できてしまうリスクが知られています。しかし、注意深く実装することで処理時間を平準化することができることが知られており、多くの暗号ライブラリなどではそうした対策が採られています。

とはいえ、ハードウェア的に詳細なタイミングが計測できる環境ではさらに精度の高い対策が必要です。

キャッシュ攻撃

処理内容により生じる、キャッシュのヒット率などの変化を観測する攻撃です。マルチコアのサーバーなどでは、同一チップ上のコアの動作状況を観測することが可能な場合もあるため、注意が必要です。この攻撃に対しては、処理前にあらかじめキャッシュ状況をそろえておくなど、ソフトウェアによる対策もある程度可能です。

その他の攻撃手法

サイドチャネル攻撃としては、その他にも外部からの強い電磁ノイズなどによって故意に誤動作や故

障を起こし、正常動作との差異を解析する故障利用攻撃、機器の消費電力／電流の変化を計測することで、暗号鍵などクリティカルな情報を推測する電力解析攻撃、機器から発生する電磁波ノイズを解析することでクリティカルな情報を推測する電磁波解析攻撃、機器から発生する音響ノイズを解析することで処理内容を推測する音響解析攻撃など、さまざまな手法が知られています。

5.2.4 ハードウェア層の攻撃手法

サイドチャネル攻撃は、電気的特性などを使ってソフトウェアの動作状況を解析する攻撃手法ですが、ハードウェア的な手法を用いれば、さらに踏み込んだ解析が可能です。例えば、光学／レーザー顕微鏡などで直接ICチップ上の回路を読み取ることも可能です。また、回路の解析だけでなく、配線の切断／接続などの改造や、バス上のデータの読み取りなどの攻撃も可能です。あるいは、ICチップ上へのレーザー照射によってソフトウェアの動作を強制的に意図しない方向に分岐させ、データを読み取ることやソフトウェア的には隠蔽された情報を取得することも可能となります。

こうしたハードウェア層の攻撃に対しては、回路の配線を見えなくするためのシールド配線層を設けたり、レーザー照射を検出するセンサーを実装したり、チップ破壊の検出機構を設けたりする対策が知られています。なお、そのような攻撃に耐える性質を「耐タンパー性」と呼びます。

5.2.5 ポスト量子暗号

新しいテクノロジーがセキュリティ上の新しい脅威を生み出すケースもあります。暗号アルゴリズムによって秘匿された情報は常に、計算能力の向上によって解読のリスクが高まっています。

またそれだけでなく、量子コンピューティングのような新しいテクノロジーの出現によっても非連続的なセキュリティリスクも生まれています。離散対数や楕円曲線暗号による公開鍵暗号アルゴリズムはショアのアルゴリズム（Shor's algorithm）と呼ばれる量子アルゴリズムによって解読可能となることが知られています。また、共通鍵暗号であるAESなども、グローバーのアルゴリズム（Grover's algorithm）によって実質的に鍵長が半分の場合と同等の暗号強度になってしまうことが知られています。

そこで現在、量子コンピューティングにおいても困難となる公開鍵向けのアルゴリズムが求められています。それらは「ポスト量子暗号」や「耐量子暗号」などと呼ばれ、格子暗号、コードベース、多変数多項式などをベースとしたアルゴリズムが研究されています。

2016年には、PQCryptoにおいて、NISTにより「ポスト量子暗号標準化」（Post-Quantum Cryptography Standardization）にむけたコンペティションがアナウンスされ、多数の署名アルゴリズム、暗号化／鍵交換アルゴリズムの参加がありました。本書執筆時点では、2021年のラウンド3までに格子暗号ベースのものを中心に4つの暗号化／鍵交換アルゴリズム、署名アルゴリズムが最終候補となっています。

オープン量子安全（OQS：Open Quantum Safe）はカナダのウォータールー大学と、多数の企業によるポスト量子暗号のオープンソースプロジェクトです。プロジェクトによって開発されたアルゴリズム

ライブラリであるliboqsでは、上記のファイナリストのアルゴリズムが提供されています。

　TLSプロトコルにおいては、原理的に、Chapter 2で説明したようなTLSプロトコルの枠組みを大きく変えることなく、新たな鍵交換や署名アルゴリズムとしてこれらのアルゴリズムを取り扱うことができます。つまり、TLSハンドシェイクの`Client Hello`／`Server Hello`メッセージの`supported_groups`拡張や`signature_algorithms`拡張の中の曲線やアルゴリズムの種類の追加で対応することが可能です。

　TLSにおけるポスト量子アルゴリズムの取り込み方法はまだ議論もあり標準化には至っていませんが、liboqsのアルゴリズムはOpenSSL／BoringSSL／OpenSSH／wolfSSLで試験的に使用できるようになっています。ただし、現段階ではこれらのアルゴリズムが広範囲の条件で十分な堅牢さを持っていることが証明されているわけではありません。そのため同プロジェクトでは、従来型の楕円曲線暗号と組み合わせたハイブリッド暗号として使用することを推奨しています。

　このように、ポスト量子暗号に関する研究や実用化への取り組みは現在進行途上にあります。状況を見極めて、求められる安全性との対応を考慮したうえで柔軟に対応していくことが必要です。

5.3　鍵管理

　公開鍵暗号によるデジタル署名では、署名鍵を外部に知られることなく第三者がその署名の正当性を検証することができます（3.6.7項参照）。この技術を利用し、物理的なハードウェアユニット上に署名鍵を安全に保存して署名検証機能を提供することで、ハードウェアレベルで安全なアイデンティティ管理を実現することができます。

　このような鍵管理機能を物理的にも安全に実装した、鍵管理のためのハードウェア的な装置をHSM（Hardware Security Management）と呼びます。従来、HSMはハードウェア的にも極めて堅牢な実装がされており、高い耐タンパー性を実現した大規模なサーバーシステムの一環として利用されてきました。しかし近年ではこのような鍵管理機能を軽装にICチップ上に実現した「セキュアエレメント」と呼ばれる鍵管理チップも広く使用されるようになっています。そのようなデバイスは、IoTデバイスのような軽量なデバイスのアイデンティティを安全に管理するためなど、その利用領域が広がっています。

　セキュアエレメントでは、公開鍵ペアは工場での製造工程で安全に管理され封印されている、もしくはチップに鍵生成機能も提供されることで、鍵のライフサイクル全体でプライベート鍵を一切チップの外に出すことなしに機能を果たすことができるようになっています。また、こうした装置やチップは通常、耐タンパー性も実現しており、ハードウェアレベルでの安全性も保証されています。

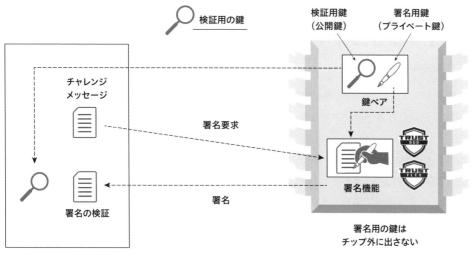

検証用の鍵

チャレンジ
メッセージ

署名要求

署名

署名の検証

検証用鍵
（公開鍵）

署名用鍵
（プライベート鍵）

鍵ペア

署名機能

署名用の鍵は
チップ外に出さない

図5.1　セキュアエレメントによる鍵管理の原理

　図5.1に、セキュアエレメントによる鍵管理の原理を示します。セキュアエレメント内には署名鍵と検証鍵が保存されていて、署名鍵はチップ外から参照することはできないようになっています。署名検証をする場合は事前に該当チップから検証鍵を得ておき、適当なチャレンジメッセージをエレメントに送ります。エレメントは自分の署名鍵を使ってメッセージに対応する署名を生成しそれを返します。受け取った側は用意してある検証鍵を使って送られてきた署名を検証します。このように署名鍵自身は一切外部に参照させることなしに自分が正しい署名者であることを証明することができます。

　HSMアクセスのためのAPIは標準化も進められています。RSA社のPKCSの一環としてもPKCS #11が早い段階からの標準として普及しています（4.2節参照）。PKCS #11は、比較的大掛かりなサーバー向けの鍵管理とそれに関連した暗号化処理など、一連の処理に関するAPIを標準化しています。

　一方、セキュアチップとその周辺サービスの標準化の例としては、TPM（Trusted Platform Module、ISO/IEC 11889）があり、デジタル著作権管理（DRM：Digital Rights Management）やWindowsのアクセス管理用などに広く使われています。

　これらの例では単純な鍵管理機能だけではなく、周辺のさまざまな機能やサービスが取り込まれています。一方で、IoTデバイスのように比較的小規模なデバイス向けには、鍵管理だけに特化した軽装のチップも広く利用されています。

セキュリティ上の課題

5.4　インシデント管理

コンピューターシステムにおいて、脆弱性を撲滅することは永遠の課題です。現実的には、問題の発生や潜在的問題を発見した場合のすみやかな対処ができる体制、影響を最小限に食い止める体制が大切です。

インターネットの世界では、多くのケースでユーザーは不特定多数です。脆弱性問題を発見した個人、機器やソフトウェアのベンダーは必要とするユーザーにその情報を確実に届ける必要がありますが、個別に対応していたのでは極めて困難なものとなります。ユーザーにとっても、使用しているたくさんの機器やソフトウェアが複雑に関係し合っている中で、必要な脆弱性情報を常に確実に把握しなければいけません。情報はできるだけ早く伝達しなければなりませんが、不確実な情報、不正確な情報はかえって影響を大きくしたり、問題を複雑にしてしまったりすることも考えられます。

米国では早い段階からそうした必要性が認識され、国土防衛政策の一環としてNVD（National Vulnerability Database）の運用が開始されました。NVDでは、発見された各脆弱性インシデントに対してCVE（Common Vulnerabilities and Exposures）と呼ばれるIDを付与し、データベースとして誰でもアクセスできる環境で公開しています。

- https://nvd.nist.gov/

一方、コンピューターウィルスやワームのようなマルウェアの脅威についても、早い段階から認識されていました。米カーネギーメロン大学は米国連邦政府の委託でCERT/CC（Computer Emergency Response Team Coordination Center）を立ち上げ、情報収集、解析、公開などの活動を行っています（後にCSIRT：Computer Security Incident Response Teamと改名）。現在では各国にNational CSIRTが組織されており、日本でもJPCERT/CC（一般社団法人JPCERTコーディネーションセンター）が活動を続けています。

また、IPA（独立行政法人 情報処理推進機構）とJPCERT/CCの共同でJVN（Japan Vulnerability Notes）が運用され、NVDの情報とともに日本国内の製品開発者の脆弱性情報を受け付け、対応状況をまとめて公開しています。

- https://jvn.jp/

TLSプロトコル
による通信

　本章からChapter 8までの各章では、TLSプロトコル、暗号アルゴリズム、公開鍵証明書・PKIなどに分けて、TLSを使った典型的な処理を行うプログラム例を解説します。

　まず本章では、TLSプロトコルを使ったクライアントとサーバーとの通信の実現例を紹介します。Chapter 1では、簡単なTCPのクライアント／サーバープログラムをもとに、それをTLS化する方法について解説しました。本章では、以降の章で読者が各種の実験ができるように、まず、簡単なクライアントとサーバーを作り、それにコマンドラインオプションで指定できる各種の簡易的な処理を追加したサンプルプログラムを紹介します。また、それをベースに事前共有鍵やセッション再開などの処理を行えるように発展させた例も紹介します。

表6.1　本章で実装するサンプル

ディレクトリ名	説明
00.tcp-tls	最も簡単なTCP（TLS）クライアントとサーバー
01.client-server	簡単なクライアントとサーバー。このサンプルをベースに他の機能のサンプルに展開する
02.tls-ext	TLS拡張のサンプルコード
03.psk	事前共有鍵（PSK）
04.resume	セッション再開
05.early-data	Early Data（0-RTT）

 ## Part2の共通事項

　Part2のサンプルプログラムは、機能概要、C言語のコード、そこで利用されるAPI、また関連する情報についてまとめます。サンプルプログラムのコードは、紙面などの都合により、エラー処理などの箇所は省略した形で紹介します。エラー処理を含む実行可能なサンプルプログラムは、以下のURLから本書付属データとしてダウンロードすることができます。

- https://www.shoeisha.co.jp/book/download/9784798171418

プラットフォーム

　Part 2のTLSと暗号処理APIは、できる限りOpenSSLとwolfSSLで共通するAPIを使用しており、特に断りがない限りOpenSSLとwolfSSLの両者で動作します。ただし、Chapter 8では主にwolfSSLにおける実装例について紹介します。

　サンプルプログラムはLinux／Mac OS／WindowsのC言語コンパイラーによるコマンド環境で動作するように配慮されています。また、TCP以下の基本的なネットワーク環境については、各OSが提供するTCP環境や、C言語環境で提供されるBSDソケットAPIを前提としています。

なお、OSとコンパイル環境の詳細については本書巻末のAppendixを参照してください。

ビルド方法

本章を読む前に、あらかじめwolfSSLライブラリをビルド、インストールしておきましょう。./configureコマンドを使う場合、次のように「--enable-all」オプションを指定します。

```
$ ./configure --enable-all
```

ビルド方法の詳細は、9.2節を参照してください。

./configureの実行後、各サンプルプログラムのフォルダーにMakefileがあるので、makeコマンドで動作可能な実行ファイルを作ることができます。

共通ヘッダーファイル

本書で紹介するサンプルプログフムは、下記の共通ヘッダーファイルをインクルードします。この中には各プログラムで共通に使われる定義やロジックが含まれています。

- Examples/include/example_common.h（共通ヘッダーファイル）
- C言語標準ライブラリのためのヘッダーファイル
- BSDソケットライブラリのためのヘッダーファイル
- TLS 1.3のセッション鍵を得るためのコールバック

これらの使い方は 本書巻末のAppendixを参照してください。
なお、各サンプルのTLS通信では次の既定値が使用されます。

- TCPポート：11111
- 証明書および鍵ファイル：certsディレクトリ下の証明書／鍵ファイル

　6.1節では、2.1節で説明したフルハンドシェイクによってTLS接続を実現し、クライアント／サーバー間のアプリケーションデータの通信を実行します。

　実際のTLSライブラリでも、接続に伴い各種のオプション機能をTLS拡張として指定できるようになっています。6.2節では6.1節で作成するサンプルに手を加え、以降のサンプルのひな型を作っていきます。

　6.2節のサンプルをもとに、6.3節以降、さまざまな条件でTLS接続と通信を実験できるように、機能を拡張しています。そして、クライアントの起動時に接続先のドメイン名・ポート番号・サーバー認証のためのCA証明書などをコマンドラインオプションで指定できるようにしていきます。

6.1　簡単なクライアント／サーバー通信

6.1.1　機能概要

　本節では、クライアント／サーバー間でTLS接続による簡単なアプリケーションメッセージ通信を行います。そのために、クライアントのコマンドラインオプションでTLS接続先のIPアドレス（またはドメイン名）、ポート番号、CA証明書のファイル名を指定できるようにします。また、サーバーのコマンドラインオプションとしては、接続を受け付けるポート番号、サーバー証明書のファイル名、プライベート鍵のファイル名を指定できるようにします。

　クライアントはサーバーとのTLS接続を確立したあと、標準入力からのメッセージをサーバーに送信します。またサーバーは、受信したメッセージを標準出力に表示するとともに、所定のメッセージをクライアントに返して終了します。そのメッセージを受け取ったクライアントは、サーバーから返されたメッセージを標準出力に表示し、終了します。

　さらに、TLS接続の際にはピア認証を行います。今回のサンプルプログラムではクライアント側がサーバー認証を行い、サーバー側はその認証要求に応えます。そのために、クライアント側にはCA証明書、サーバー側にはサーバー証明書とプライベート鍵をあらかじめ登録しておきます。

6.1.2　サンプルプログラム①：クライアントアプリケーション

　始めに、簡単なTCP通信を行うクライアントアプリケーションのプログラムを見てみましょう（リスト6.1）。後ほど、このプログラムをTLSに対応させていきます。

リスト6.1 client-tcp.c

```
#include "example_common.h"


#define LOCALHOST          "127.0.0.1"
#define DEFAULT_PORT       11110


#define MSG_SIZE           256


int main(int argc, char **argv)
{
    /* ソケット用変数、メッセージ用変数の定義 */
    struct sockaddr_in servAddr;
    int                sockfd = -1;
    char                *ipadd = LOCALHOST;


    char                msg[MSG_SIZE];
    int                 ret = 0;


    /*
     * TCPソケットの確保、サーバーへのTCP接続
     */
    if ((sockfd = socket(AF_INET, SOCK_STREAM, 0)) == -1) {
        fprintf(stderr, "ERROR: failed to create a socket. errno %d\n", errno);
        goto cleanup;
    }


    memset(&servAddr, 0, sizeof(servAddr));
    servAddr.sin_family = AF_INET;          /* IPv4を利用 */
    servAddr.sin_port = htons(DEFAULT_PORT); /* DEFAULT_PORTで通信する */
    if ((ret = inet_pton(AF_INET, ipadd, &servAddr.sin_addr)) != 1) {
        fprintf(stderr, "ERROR : failed inet_pton. errno %d\n", errno);
        goto cleanup;
    }
    if ((ret = connect(sockfd, (struct sockaddr *)&servAddr, sizeof(servAddr))) == -1) {
        fprintf(stderr, "ERROR: failed to connect. errno %d\n", errno);
        goto cleanup;
    }


    printf("Message to send: ");
    if(fgets(msg, sizeof(msg), stdin) <= 0)
        goto cleanup;
```

```
    /* メッセージ送信 */
    if ((ret = send(sockfd, msg, strnlen(msg, sizeof(msg)), 0)) < 0) {
        fprintf(stderr, "failed TCP send");
        goto cleanup;
    }

    /* メッセージ受信 */
    if ((ret = recv(sockfd, msg, sizeof(msg) - 1, 0)) < 0) {
        fprintf(stderr, "failed TCP recv");
        goto cleanup;
    }
    msg[ret] = '\0';
    printf("Received: %s\n", msg);

/* リソースの解放 */
cleanup:
    if (sockfd != -1)
        close(sockfd);
    printf("End of TCP Client\n");
    return 0;
}
```

エラー処理などが入っており少し見づらいですが、処理の流れを単純化すると以下のようになります。

1. 各種変数の定義
2. TCPソケットの確保、サーバーへのTCP接続
3. メッセージ送信
4. メッセージ受信
5. リソースの解放

このクライアントアプリケーションをTLSに対応させる場合、これを

1. 各種変数の定義
    a. TLSライブラリの初期化
    b. SSLコンテクストの確保、CA証明書のロード
2. TCPソケットの確保、サーバーへのTCP接続
    a. SSLオブジェクトの生成

　　b. TCPソケットのアタッチ

　　c. サーバーへのSSL接続

3. メッセージ送信

4. メッセージ受信

5. リソースの解放

のように拡張していきます。

　この大まかな流れをコードにすると、リスト6.2のようになります。

リスト6.2　プログラムの大まかな流れ

```c
#include <openssl/ssl.h>

#define ～定数定義～

int main(int argc, char **argv)
{
    ～ソケット用変数、メッセージ用変数の定義～

    SSL_CTX* ctx = NULL;     /* SSLコンテクスト */
    SSL*     ssl = NULL;     /* SSLオブジェクト */

    /* ライブラリの初期化 */
    SSL_library_init();

    /* SSLコンテクストを確保し、CA証明書をロード */
    ctx = SSL_CTX_new(SSLv23_client_method());
    SSL_CTX_load_verify_locations(ctx, CA_CERT_FILE, NULL);

    ～TCPソケットの確保、サーバーにTCP接続～

    /* SSLオブジェクトの生成、ソケットのアタッチ、サーバーにSSL接続 */
    ssl = SSL_new(ctx);
    SSL_set_fd(ssl, sockfd);
    SSL_connect(ssl);

    /* アプリケーション層のメッセージング */

    ～送信メッセージを入力～
```

```
    /* サーバーへのメッセージ送信 */
    SSL_write(ssl, msg, sendSz);

    /* サーバーからのメッセージ受信 */
    SSL_read(ssl, msg, sizeof(msg) - 1);

    ～受信メッセージを出力～

/* リソースの解放 */
cleanup:

    SSL_shutdown(ssl);
    SSL_free(ssl);

    ～TCPソケットをクローズ～

    SSL_CTX_free(ctx);
}
```

　ここからは、リスト6.2の内容をもとに、利用するTLSライブラリのAPIなど、詳細について解説していきます。

■ ヘッダーファイル

　TLSプログラミングで特徴的なインクルードディレクティブは、

```
#include "openssl/ssl.h"
```

です。このヘッダーファイルには、TLSプログラムで使用するAPIやデータタイプなどの定義が含まれています。

■ ライブラリの初期化

　TLSプログラムは、冒頭で**SSL_library_init()**関数を呼び出し、ライブラリを初期化する必要があります。

```
SSL_library_init();
```

管理構造体とポインター

次に注目するのは、以下の箇所です。

```
SSL_CTX *ctx = NULL;
SSL *ssl = NULL;
```

最初に出てくる**SSL_CTX**構造体は、一連のTLS接続処理（コンテクスト）を管理するための構造体です。これを用いて、「同じサーバーへのTLS接続」のような、類似の条件を持つ複数のものを1つのコンテクストとして管理します。具体的には、以下のようなものがあります（それぞれの詳細は後述）。

- TLSバージョン：コンテクストの確保時、**SSL_CTX_new()**関数の引数としてTLS接続時のプロトコルバージョンを指定する
- ピア認証：認証のためのCA証明書、自ノードの証明書、プライベート鍵などを接続前にロードしておく
- TLS接続に使用するソケット：**SSL_set_fd()**関数でTLS接続に使用するソケットをSSLにひも付ける

2番目の**SSL**構造体は、1つのTLS接続を管理するための構造体です。**SSL_connect()**／**SSL_accept()**、**SSL_read()**／**SSL_write()**など、通信を行うさまざまな関数で利用されます。

TLSアプリケーションにはこれら2つが必須となるため、本プログラムはここでポインター変数を確保しています。

コンテクスト管理構造体の確保

続いて、先ほど宣言した**SSL_CTX**構造体の確保を行います。確保には**SSL_CTX_new()**関数を用います。

```
ctx = SSL_CTX_new(SSLv23_client_method());
```

SSL_CTX_new()関数を用いてコンテクストを確保する際には、引数としてTLS接続時のプロトコルバージョンを指定します。リスト6.2では上記のように、**SSLv23_client_method()**関数を用いています。

後述しますが、サーバー側では**SSLv23_server_method()**関数を指定するので、今回のサンプルでは「両者がサポートする最も高いバージョン」で接続することになります。

表6.2　TLS接続時のプロトコルバージョン指定API関数

分類	関数	説明
サーバー用	SSLv23_server_method()	両者がサポートする最も高いバージョンで接続
	TLSv1_3_server_method()	TLS 1.3で接続
	TLSv1_2_server_method()	TLS 1.2で接続
	TLSv1_1_server_method()	TLS 1.1で接続
	TLSv1_server_method()	TLS 1.0で接続
クライアント用	SSLv23_client_method()	両者がサポートする最も高いバージョンで接続
	TLSv1_3_client_method()	TLS 1.3で接続
	TLSv1_2_client_method()	TLS 1.2で接続
	TLSv1_1_client_method()	TLS 1.1で接続
	TLSv1_client_method()	TLS 1.0で接続
サーバー／クライアント共通	SSLv23_method()	両者がサポートする最も高いバージョンで接続
	TLSv1_3_method()	TLS 1.3で接続
	TLSv1_2_method()	TLS 1.2で接続
	TLSv1_1_method()	TLS 1.1で接続
	TLSv1_method()	TLS 1.0で接続

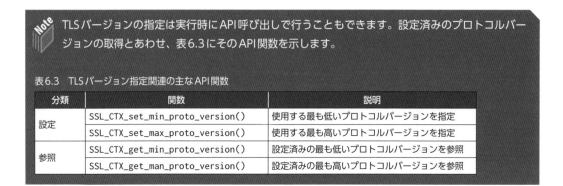

Note　TLSバージョンの指定は実行時にAPI呼び出しで行うこともできます。設定済みのプロトコルバージョンの取得とあわせ、表6.3にそのAPI関数を示します。

表6.3　TLSバージョン指定関連の主なAPI関数

分類	関数	説明
設定	SSL_CTX_set_min_proto_version()	使用する最も低いプロトコルバージョンを指定
	SSL_CTX_set_max_proto_version()	使用する最も高いプロトコルバージョンを指定
参照	SSL_CTX_get_min_proto_version()	設定済みの最も低いプロトコルバージョンを参照
	SSL_CTX_get_man_proto_version()	設定済みの最も高いプロトコルバージョンを参照

■ ピア認証の準備

次に、認証のためのCA証明書をロードします。

```
SSL_CTX_load_verify_locations(ctx, CA_CERT_FILE, NULL);
```

リスト6.2ではこのように**SSL_CTX_load_verify_locations()**関数を用いて、サーバー認証のために、クライアント側でCA証明書をTLSコンテクストにロードしています。

> **Note** クライアント認証が必要な場合はサーバー側でも同様の処理が必要です。

　他にも認証する側／される側、ファイルシステムの有無などに応じて、さまざまなAPI関数が用意されています。

　表6.4に、ピア認証関連のAPI関数を示します。

表6.4　ピア認証関連のAPI

役割	機能	指定単位	ファイルシステムあり	ファイルシステムなし
認証する側	CA証明書のロード	コンテクスト	`SSL_CTX_load_verify_locations()`	`SSL_CTX_load_verify_buffer()`
	検証動作の指定	コンテクスト	`SSL_CTX_set_verify()`	`SSL_CTX_set_verify()`
	証明書チェーンの深さ指定	コンテクスト	`SSL_CTX_set_verify_depth()`	`SSL_CTX_set_verify_depth()`
認証される側	ノード証明書のロード	コンテクスト	`SSL_CTX_use_certificate_file()`	`SSL_CTX_use_certificate_buffer()`
		セッション	`SSL_use_certificate_file()`	`SSL_use_certificate_buffer()`
	プライベート鍵のロード	コンテクスト	`SSL_CTX_use_privateKey_file()`	`SSL_CTX_use_privateKey_buffer()`
		セッション	`SSL_use_privateKey_file()`	`SSL_use_privateKey_buffer()`

SSL構造体の生成、ソケットのアタッチ、サーバーにSSL接続

ここまでできたら、1つのTLS接続を管理するためのSSL構造体をSSL_new()関数により生成します。

```
ssl = SSL_new(ctx);
```

続いて、SSL_set_fd()関数でTLSソケットのアタッチを行います。

```
SSL_set_fd(ssl, sockfd);
```

　アタッチできたら、SSL_connect()関数でサーバーにSSL接続します。このAPI関数はクライアントからサーバーにTLS接続を要求するものであり、サーバーとのTCP接続が完了している状態で、SSL_new()により確保したSSLを指定して、接続を要求します。内部的にはTLSバージョンや暗号スイートの合意、サーバー認証などのハンドシェイクを行っており、それらすべての処理が正常に完了すると、正常終了を返します。

```
SSL_connect(ssl);
```

メッセージの送受信

　SSL接続ができたので、メッセージの送受信を行います。メッセージの送信には**SSL_write()**関数
を、受信には**SSL_read()**関数を使います。

```
/* サーバーへのメッセージ送信 */
SSL_write(ssl, msg, sendSz);

/* サーバーからのメッセージ受信 */
SSL_read(ssl, msg, sizeof(msg) - 1);
```

　SSL_write()関数は、接続の相手方に対して、指定された長さのアプリケーションメッセージを暗号
化して送信します。正常に送信が完了した場合、指定したメッセージ長と同じ値を返します。

　SSL_read()関数は、接続の相手方から、指定された最大長以下のアプリケーションメッセージを受
信してバッファーに復号し、格納します。処理が正常に完了した場合、受信したメッセージのバイト数
を返します。

> **Note**　現在ペンディングとなっている受信メッセージのバイト数を返す**SSL_pending()**という関数もあ
> り、**SSL_read()**はこのバイト数分のメッセージをノンブロッキングで読み出すことができます。

接続の切断とリソースの解放

　最後に、**SSL_shutdown()**関数により SSL接続を切断し、SSL構造体および SSL_CTX構造体を解放
します（**SSL_free()**／**SSL_CTX_free()**関数）。

```
SSL_shutdown(ssl);
SSL_free(ssl);
```

```
SSL_CTX_free(ctx);
```

　このとき、確保したときの逆の順序で、TLS切断と SSLの解放、ソケットの解放、コンテクストの解
放の順序で実行することに注意しましょう。

📖 完成コード

　エラー処理などを含む、作成したTLSクライアントアプリケーションのコード全体をリスト6.3に示します。

リスト6.3　client-tls.c

```c
#include "example_common.h"

#include <openssl/ssl.h>

/* 定数定義 */
#define CA_CERT_FILE        "../../certs/tb-ca-cert.pem"
#define LOCALHOST           "127.0.0.1"
#define DEFAULT_PORT        11111

#define MSG_SIZE            1024*16*3

/* SSLエラーメッセージの表示 */
static void print_SSL_error(const char* msg, SSL* ssl)
{
    int err;
    err = SSL_get_error(ssl, 0);
    fprintf(stderr, "ERROR: %s (err %d, %s)\n", msg, err,
                ERR_error_string(err, NULL));
}

int main(int argc, char **argv)
{
    /* ソケット用変数、メッセージ用変数の定義 */
    ～省略～

    /* SSLオブジェクトの宣言 */
    SSL_CTX* ctx = NULL;
    SSL*     ssl = NULL;

    /* ライブラリの初期化 */
    if (SSL_library_init() != SSL_SUCCESS) {
        ～エラー処理～
    }
```

1
2
3
4
5
6
7
8
9
10
11
12
App

TLSプロトコルによる通信

```c
/*  SSLコンテクストの確保 */
if ((ctx = SSL_CTX_new(SSLv23_client_method())) == NULL) {
    ～エラー処理～
}
/* CA証明書のロード */
if ((ret = SSL_CTX_load_verify_locations(ctx, CA_CERT_FILE, NULL)) != SSL_SUCCESS) {
    ～エラー処理～
}


/*
 * TCPソケットの確保、サーバーへのTCP接続
 */

if ((sockfd = socket(AF_INET, SOCK_STREAM, 0)) == -1) {
    ～エラー処理～
}

memset(&servAddr, 0, sizeof(servAddr));
servAddr.sin_family = AF_INET;           /* using IPv4      */
servAddr.sin_port = htons(DEFAULT_PORT); /* on DEFAULT_PORT */
if ((ret = inet_pton(AF_INET, ipadd, &servAddr.sin_addr)) != 1) {
    ～エラー処理～
}
if ((ret = connect(sockfd, (struct sockaddr *)&servAddr, sizeof(servAddr))) == -1) {
    ～エラー処理～
}


/* SSLオブジェクトの生成 */
if ((ssl = SSL_new(ctx)) == NULL) {
    ～エラー処理～
}


/* ソケットのアタッチ */
if ((ret = SSL_set_fd(ssl, sockfd)) != SSL_SUCCESS) {
    ～エラー処理～
}
/* サーバーへのSSL接続 */
if ((ret = SSL_connect(ssl)) != SSL_SUCCESS) {
    ～エラー処理～
}
```

```
    /*
     * アプリケーション層のメッセージング
     */
    printf("Message to send: ");

    /* 送信メッセージの入力 */
    if(fgets(msg, sizeof(msg), stdin) <= 0)
        goto cleanup;

    /* サーバーへのメッセージ送信 */
    if ((ret = SSL_write(ssl, msg, strnlen(msg, sizeof(msg)))) < 0) {
        ～エラー処理～
    }

    /* サーバーからのメッセージ受信 */
    if ((ret = SSL_read(ssl, msg, sizeof(msg) - 1)) < 0) {
        ～エラー処理～
    }
    msg[ret] = '\0';
    printf("Received: %s\n", msg);

cleanup:
    /* リソースの解放 */
    if (ssl != NULL) {
        SSL_shutdown(ssl);
        SSL_free(ssl);
    }
    if (sockfd != -1)
        close(sockfd);
    if (ctx != NULL)
        SSL_CTX_free(ctx);
    if (ret != SSL_SUCCESS)
        ret = SSL_FAILURE;
    printf("End of TLS Client\n");
    return 0;
}
```

6.1.3　サンプルプログラム②：サーバーアプリケーション

　続いてサーバーアプリケーションの実装を行っていきますが、ここまで作成してきたクライアントアプリケーションと大きな違いはありません。

■ コンテクスト管理構造体の確保／ピア認証の準備

　クライアントアプリケーションとの1つ目の違いはコンテクスト管理構造体（SSL_CTX構造体）の確保、および認証の準備部分です。

```
/* SSLコンテクストを確保し、サーバー証明書、プライベート鍵をロード */
ctx = SSL_CTX_new(SSLv23_server_method());
SSL_CTX_use_certificate_file(ctx, SERVER_CERT_FILE, SSL_FILETYPE_PEM);
SSL_CTX_use_PrivateKey_file(ctx, SERVER_KEY_FILE, SSL_FILETYPE_PEM);
```

　先ほどのクライアントアプリケーションではSSL_CTX_new()関数の引数にSSLv23_client_method()を指定していましたが、今回はサーバー側なのでSSLv23_server_method()を指定しています。表6.2にもあるとおり、これにより両者がサポートする最も高いバージョンで接続することになります。

　また、認証の準備部分もクライアント側とは異なります。サーバー側では、自ノードの証明書とプライベート鍵をロードします。

> クライアント認証を行う際には、同様の処理がクライアントでも必要です。

　そこで、表6.4に示すように、サーバーが「認証される側」であり、その「セッション用のノード証明書のロード」を行うSSL_CTX_use_certificate_file()と、「コンテクスト用のプライベート鍵のロード」を行うSSL_use_privateKey_file()を呼び出すようになっています。

■ 接続要求の受け付けとメッセージング

　TCP通信を行うサーバーアプリケーションでは、listen()関数とaccept()関数によりクライアントからの通信接続要求を待ちますが、TLSサーバーではさらに、SSL_accept()関数でTLS通信の接続要求も待つことになります。

```
SSL_accept(ssl);
```

SSL_accept()関数はクライアントからのTLS接続要求を受け付けるAPIです。クライアントからのTCP接続要求で接続が完了している状態で、SSL_new()で確保したSSLを指定して接続要求を受け付けます。TLSバージョンや暗号スイートの合意、必要ならばクライアント認証などのハンドシェイクを行い、すべての処理が正常に完了すると正常終了を返します。

その後、メッセージの受送信を行います。メッセージの受送信にはクライアント同様SSL_read()／SSL_write()関数を使いますが、順番が逆になっていることに注意しましょう。

```
/* クライアントからのメッセージ受信 */
SSL_read(ssl, msg, sizeof(msg) - 1);

/* クライアントへのメッセージ送信 */
SSL_write(ssl, msg, sendSz);
```

完成コード

エラー処理などを含む、作成したTLSサーバーアプリケーションのコード全体をリスト6.4に示します。

リスト6.4 server-tls.c

```c
#include "example_common.h"

#include <openssl/ssl.h>

/* 定数定義 */
#define SERVER_CERT_FILE    "../../certs/tb-server-cert.pem"
#define SERVER_KEY_FILE     "../../certs/tb-server-key.pem"

#define DEFAULT_PORT        11111
#define MSG_SIZE 1024 * 16 * 3

/* SSL エラーメッセージの表示 */
static void print_SSL_error(const char *msg, SSL *ssl)
{
    int err;
    err = SSL_get_error(ssl, 0);
    fprintf(stderr, "ERROR: %s (err %d, %s)\n", msg, err,
            ERR_error_string(err, NULL));
}
```

```c
int main(int argc, char** argv)
{
    /* ソケット用変数、メッセージ用変数の定義 */
    ～省略～

    const char          reply[] = "I hear ya fa shizzle!";

    /* ライブラリの初期化 */
    if (SSL_library_init() != SSL_SUCCESS) {
        ～エラー処理～
    }

    /* SSLコンテクストの確保 */
    if ((ctx = SSL_CTX_new(SSLv23_server_method())) == NULL) {
        ～エラー処理～
    }

    /* サーバー証明書のロード */
    if ((ret = SSL_CTX_use_certificate_file(ctx, SERVER_CERT_FILE,
        SSL_FILETYPE_PEM)) != SSL_SUCCESS) {
        ～エラー処理～
    }

    /* プライベート鍵のロード */
    if ((ret = SSL_CTX_use_PrivateKey_file(ctx, SERVER_KEY_FILE,
        SSL_FILETYPE_PEM)) != SSL_SUCCESS) {
        ～エラー処理～
    }
    /*
    * TCPソケットの確保、バインドとリッスン
    */
    if ((sockfd = socket(AF_INET, SOCK_STREAM, 0)) == -1) {
        ～エラー処理～
    }
    memset(&servAddr, 0, sizeof(servAddr));

    servAddr.sin_family      = AF_INET;            /* using IPv4     */
    servAddr.sin_port        = htons(DEFAULT_PORT); /* on DEFAULT_PORT */
    servAddr.sin_addr.s_addr = INADDR_ANY;         /* from anywhere   */

    if (bind(sockfd, (struct sockaddr*)&servAddr, sizeof(servAddr)) == -1) {
        ～エラー処理～
    }
```

```
    if (listen(sockfd, 5) == -1) {
        ～エラー処理～
    }

    printf("Waiting for a connection...\n");

    /* TCPアクセプト */
    if ((connd = accept(sockfd, (struct sockaddr*)&clientAddr, &size)) == -1) {
        ～エラー処理～
    }

    /* SSLオブジェクトの生成 */
    if ((ssl = SSL_new(ctx)) == NULL) {
        ～エラー処理～
    }

    /* ソケットのアタッチ */
    SSL_set_fd(ssl, connd);

    /* SSLアクセプト */
    if ((ret = SSL_accept(ssl)) != SSL_SUCCESS) {
        ～エラー処理～
    }

    printf("Client connected successfully\n");

    /*
     * アプリケーション層のメッセージング
     */
    /* クライアントからのメッセージ受信 */
    if ((ret = SSL_read(ssl, buff, sizeof(buff)-1)) <= 0) {
        ～エラー処理～
    }
    buff[ret] = '\0';
    printf("Received: %s\n", buff);

    /* クライアントへのメッセージ送信 */
    if ((ret = SSL_write(ssl, reply, sizeof(reply))) < 0) {
        if (ret < 0) {
            ～エラー処理～
        }
    }
```

```
    /* TLS通信の後処理 */
    SSL_shutdown(ssl);
    SSL_free(ssl);
    ssl = NULL;
    close(connd);
    connd = -1;
    printf("Closed the connection\n");


cleanup:
    /*  リソースの解放 */
    if (ssl != NULL) {
        SSL_shutdown(ssl);
        SSL_free(ssl);
    }

    if (sockfd != -1)
        close(sockfd);
    if (ctx != NULL)
        SSL_CTX_free(ctx);
    if (ret != SSL_SUCCESS)
        ret = SSL_FAILURE;
    printf("End of TLS Server\n");
    return 0;
}
```

📖 実行

　クライアントアプリケーションとサーバーアプリケーションのそれぞれができたら、実行してみましょう。実行すると、クライアントとサーバーはTLSで接続されます。

　そして、クライアントの標準入力に任意のメッセージを入力したら、それがサーバーに送られ、サーバーからは「I hear ya fa shizzle!」というメッセージが返ってくるはずです。

6.1.4 SSL_write()／SSL_read()の注意点

　SSL_write()／SSL_read()はおおむねTCPソケットのsend()／recv()に対応するAPIですが、TLSメッセージを扱うため、挙動に多少の違いがあります。TLSレコードサイズは、デフォルトで最大16キロバイトです。そのため、SSL_write()／SSL_read()関数で通信するメッセージのサイズには、以下のような注意が必要です。

最大TLSレコードはデフォルトでは16キロバイトですが、max_fragment_length拡張を指定してTLSレコードの最大サイズに小さいサイズを指定した場合は、以下のレコードサイズもそのサイズとなります。

■ SSL_write()：メッセージサイズが最大TLSレコードサイズ以下の場合

メッセージが最大レコードサイズ以下の場合は、1回のSSL_write()関数の呼び出しで、そのすべてが1つのTLSレコードとして送信されます。

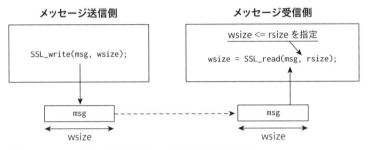

図6.1　メッセージサイズが最大レコードサイズ以下の場合

■ SSL_write()：メッセージサイズが最大TLSレコードサイズより大きい場合

SSL_write()関数に16キロバイトを超えるメッセージを指定した場合は、メッセージを

- 16キロバイト×n個のレコード
- 残り（余り）分のメッセージのレコード

という複数のレコードに分割して送信します。

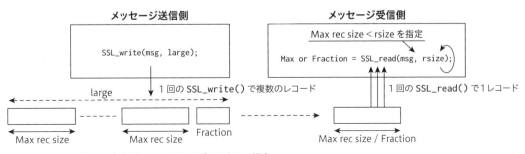

図6.2　メッセージサイズが最大レコードサイズより大きい場合

127

■ SSL_read()：指定サイズがTLSレコードサイズ以上の場合

SSL_read()関数で指定するサイズが受信したTLSレコードのサイズ以上の場合、1回の呼び出しでレコードがすべて受信され、返値は受信したレコードのサイズになります。

ただし、SSL_write()関数側で分割して送信されている場合、SSL_read()関数にいくら大きなサイズを指定しても、1回の呼び出しで受信するのは1つのTLSレコードだけです。1回のSSL_read()関数の呼び出しで複数のレコードをまとめて受信することはありません。

つまり、SSL_read()関数は1回のAPI呼び出しに対して1レコードを読み込むため、分割されたメッセージ全体を受信するためには複数回SSL_read()関数を呼び出す必要があります。

■ SSL_read()：指定サイズがメッセージサイズより小さい場合

SSL_read()関数で指定したメッセージサイズが送られてきたTLSレコードのサイズより小さい場合に、残った分は次のSSL_read()関数の呼び出しで受信されます。

6.2　ひな型となる クライアント／サーバーアプリケーション

前節では、メッセージを1つだけ送受信するアプリケーションを作りましたが、本節では、より実用的なアプリケーションとして、メッセージング部分をwhileループで繰り返すことで、両者とも複数のメッセージを送受信できるようにしていきます。

また、クライアントに特定のコマンドメッセージを入力することで、クライアントやサーバーの制御ができるようにもします。

本節で作成するプログラムが、今後Part 2で作成するプログラムのひな型となります。

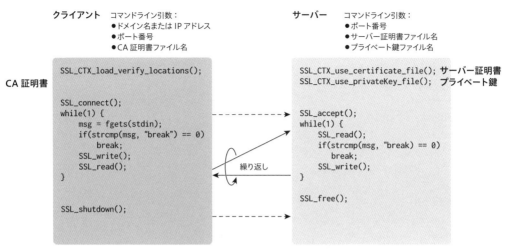

図6.3　本節のサンプルプログラムの機能概要

6.2.1　サンプルプログラム①：クライアントアプリケーション

リスト6.5に、作成するクライアントアプリケーションの大まかな流れを示します。

リスト6.5　クライアントアプリケーションの大まかな流れ

```
#include <openssl/ssl.h>

#define ～定数定義～

int main(int argc, char **argv)
{
    ～各種変数の定義～
    static const char kHttpGetMsg[] = "GET /index.html HTTP/1.0\r\n\r\n";

    ～ソケット用変数、メッセージ用変数の定義～

    SSL_CTX* ctx = NULL;    /* SSLコンテクスト */
    SSL*     ssl = NULL;    /* SSLオブジェクト */

    /* ライブラリの初期化 */
    SSL_library_init();

    /* SSLコンテクストを確保し、CA証明書をロード */
    ctx = SSL_CTX_new(SSLv23_client_method());
```

```
    SSL_CTX_load_verify_locations(ctx, CA_CERT_FILE, NULL);

    ～TCPソケットの確保、サーバーにTCP接続～

    /* SSLオブジェクトの生成、ソケットをアタッチ、サーバーにSSL接続 */
    ssl = SSL_new(ctx);
    SSL_set_fd(ssl, sockfd);
    SSL_connect(ssl);

    /* アプリケーション層のメッセージング */
    while (1) {
        /* 送信メッセージを入力 */
        if(fgets(msg, sizeof(msg), stdin) <= 0)
            break;

        /* msgが空の場合、HttpGetMsgを送信 */
        if (msg[0] == '\n') {
            strncpy(msg, kHttpGetMsg, sizeof(msg));
        }

        /* サーバーへのメッセージ送信 */
        SSL_write(ssl, msg, sendSz);

        /* msgが"break"ならばbreakする */
        if (strcmp(msg, "break\n") == 0) {
            break;
        }

        /* サーバーからのメッセージ受信 */
        SSL_read(ssl, msg, sizeof(msg) - 1);

        ～受信メッセージを出力～
    }
cleanup:
    ～リソースの解放～
}
```

　基本的には、6.1.2項で作成したクライアントアプリケーションと同じですが、今回はアプリケーション層のメッセージングをwhileループで繰り返し、入力文字列が「break」の場合にループを抜けるようにしています。

6.2.2 サンプルプログラム②：サーバーアプリケーション

同様に、サーバーアプリケーションの大まかな流れをリスト6.6に示します。

リスト6.6　サーバーアプリケーションの大まかな流れ

```c
#include <openssl/ssl.h>
#define ～定数定義～

int main(int argc, char **argv)
{
    ～ソケット用変数、メッセージ用変数の定義～
    SSL_CTX* ctx = NULL;    /* SSLコンテクスト */
    SSL*     ssl = NULL;    /* SSLオブジェクト */

    /* ライブラリの初期化 */
    SSL_library_init();

    /* SSLコンテクストを確保し、サーバー証明書、プライベート鍵をロード */
    ctx = SSL_CTX_new(SSLv23_server_method());
    SSL_CTX_use_certificate_file(ctx, SERVER_CERT_FILE, SSL_FILETYPE_PEM);
    SSL_CTX_use_PrivateKey_file(ctx, SERVER_KEY_FILE, SSL_FILETYPE_PEM)l

    ～TCPソケットの確保、バインド、リッスン～

    while(1) {
        connd = accept() /* TCP アクセプト */

        /* SSLオブジェクトの生成、ソケットをアタッチ、アクセプト */
        ssl = SSL_new(ctx);
        SSL_set_fd(ssl, connd);
        SSL_accept(ssl);

        /* アプリケーション層のメッセージング */
        while (1) {
            /* クライアントからのメッセージ受信 */
            SSL_read(ssl, msg, sizeof(msg) - 1);

            ～受信メッセージを出力～

            // 受信メッセージが"break"ならばbreakする
            if (strcmp(buff, "break\n") == 0) {
```

131

```
                printf("Received break command\n");
                break;
            }

            /* クライアントへのメッセージ送信 */
            SSL_write(ssl, reply, sizeof(reply));
        }
    }
cleanup:
    ～リソースの解放～
}
```

実行

　実行すると、サーバーとクライアントがTLSで接続されます。クライアントからは任意のメッセージ
を送ることができ、サーバーは受信したメッセージを表示します。

　また、クライアントで「break」というメッセージを送ることで、クライアント自身と、メッセージを
受信したサーバーの両者を終了することができます。

　サンプルプログラムのコマンドライン引数は以下のとおりです。

- サーバープログラム（Server-tls）
  - 第1引数：サーバー認証のためのサーバー証明書（省略可）
  - 第2引数：サーバー認証のためのプライベート鍵（省略可）
  - 第3引数：ポート番号（省略可）

> **Note**　「省略可」となっているコマンドライン引数は、後ろから順（例えばServer-tlsでは、第3、第2、第1引数の順）に省略することができます。

- クライアントプログラム（Client-tls）
  - 第1引数：サーバー認証のためのCA証明書（省略可）
  - 第2引数：接続先IPアドレス（省略可）
  - 第3引数：ポート番号（省略可）

　それでは実際に実行してみましょう。まずは正常な動作を確認します。

　シェルウィンドウなど、サーバー用のコマンドウィンドウを開き、サーバーコマンドを実行します。す

るとクライアントからの接続要求待ちに入ります。

```
$ ./Server-tls
Waiting for a connection...
```

　同一マシン上で、クライアント用のコマンドウィンドウを開き、クライアントコマンドを実行します。ローカルホスト上のサーバーへのTLS接続が完了し、サーバーに送信する入力プロンプトが表示されます。

```
$ ./Client-tls
Send to localhost(127.0.0.1)
Message to send:
```

　するとサーバー側には、クライアントとTLS接続が完了した旨のメッセージが出力されます。

```
Client connected successfully
```

　クライアント側でメッセージを入力するとサーバーに送信され、サーバー側から送られたメッセージが表示されます。

```
Message to send:Hello server
Received: I hear ya fa shizzle!
```

　それではクライアント側でメッセージに「break」と入力し、終了してみましょう。サーバー側にメッセージを送信したのちTLSを切断し、プログラムが終了します。

```
Message to send: break
Sending break command
End of TLS Client
```

　サーバー側でも「break」が受信された旨表示したのちTLS切断を行いセッションを終了し、次の接続待ち状態に入ります。

133

```
Received: break

Received break command
Closed the connection
Waiting for a connection...
```

　この間、WiresharkでLocal Loopのパケットキャプチャを取得すると、図6.4のようにパケットが順次やり取りされるのを見ることができます。

No.	Time	Source	Destination	Protocol	Length	Info
7	17.329667	127.0.0.1	127.0.0.1	TLSv1.3	392	Client Hello
9	17.333674	127.0.0.1	127.0.0.1	TLSv1.3	184	Server Hello
11	17.335648	127.0.0.1	127.0.0.1	TLSv1.3	84	Application Data
13	17.335686	127.0.0.1	127.0.0.1	TLSv1.3	1020	Application Data
15	17.339624	127.0.0.1	127.0.0.1	TLSv1.3	342	Application Data
17	17.339659	127.0.0.1	127.0.0.1	TLSv1.3	114	Application Data
19	17.339819	127.0.0.1	127.0.0.1	TLSv1.3	114	Application Data
21	17.339985	127.0.0.1	127.0.0.1	TLSv1.3	238	Application Data
35	24.534482	127.0.0.1	127.0.0.1	TLSv1.3	90	Application Data
37	24.534574	127.0.0.1	127.0.0.1	TLSv1.3	100	Application Data
43	28.079839	127.0.0.1	127.0.0.1	TLSv1.3	83	Application Data
45	28.079871	127.0.0.1	127.0.0.1	TLSv1.3	80	Application Data
47	28.079925	127.0.0.1	127.0.0.1	TLSv1.3	80	Application Data

ハンドシェイク
←Encrypted Extensions
←Certificate
←Certificate Verify
←Finished
←Finished
←New Session Ticket

1往復目のメッセージ「break」

TLS切断

図6.4　パケットキャプチャ例

> Note
> TLSのハンドシェイクは、冒頭のClient Hello／Server Helloメッセージのあとは暗号化されるため、すべてApplication Dataメッセージとして表示されますが、実際にはハンドシェイクの後半部分も含まれています。これらを復号するためにはセッション鍵情報が必要です。復号の方法についてはAppendixを参照してください。

　それではClient Helloメッセージの内容を見てみましょう。レコード層とClient Helloメッセージ中の2カ所に、TLSのバージョン番号情報として「TLS 1.2」が格納されているのがわかります。これらのフィールドは後方互換性のためのものであり、TLS 1.3ではその内容は無視されます。ネットワーク転送時の通過点のミドルボックスの中にはTLS 1.3を示す0x0304を認識できないものが残されているため、これらのフィールドには過去バージョン値が埋め込まれています。

```
TLSv1.3 Record Layer: Handshake Protocol: Client Hello
    Content Type: Handshake (22)
    Version: TLS 1.2 (0x0303)
    Length: 331
    Handshake Protocol: Client Hello
```

```
Handshake Type: Client Hello (1)
Length: 327
Version: TLS 1.2 (0x0303)
```

　TLS 1.3では、新たなTLS拡張として**supported_versions**が追加されており、サポートするTLSのバージョンのリストがこの拡張に明示されます。

```
Extension: supported_versions (len=7)
    Type: supported_versions (43)
    Length: 7
    Supported Versions length: 6
    Supported Version: TLS 1.3 (0x0304)
    Supported Version: TLS 1.2 (0x0303)
    Supported Version: TLS 1.1 (0x0302)
```

　クライアントのサンプルプログラムでは、以下のようにTLSコンテクストの確保時に任意バージョン（**SSLv23_client_method()**）を指定しているため、実際に送られる**Client Hello**メッセージにはビルド時に含まれているTLS 1.1／1.2／1.3の3バージョンがリストされています。

```
ctx = SSL_CTX_new(SSLv23_client_method());
```

　Cipher Suites拡張には、利用できる暗号スイートとしてTLS 1.2のものに加えてTLS 1.3用として次のようなスイートが含まれています。

```
Cipher Suites (27 suites)
    Cipher Suite: TLS_AES_128_GCM_SHA256 (0x1301)
    Cipher Suite: TLS_AES_256_GCM_SHA384 (0x1302)
    Cipher Suite: TLS_CHACHA20_POLY1305_SHA256 (0x1303)
```

　また、**Supported Groups**拡張には、(EC)DHE鍵合意で利用できる楕円曲線の種類、あるいはディフィー・ヘルマン鍵長（**ffdhe**）がリストされています。

```
Supported Groups (5 groups)
    Supported Group: secp521r1 (0x0019)
    Supported Group: secp384r1 (0x0018)
```

```
    Supported Group: secp256r1 (0x0017)
    Supported Group: secp224r1 (0x0015)
    Supported Group: ffdhe2048 (0x0100)
```

　TLS 1.3では、Client Helloメッセージの中に上のような暗号スイートや曲線種別だけでなくKey Share拡張も追加されており、(EC)DH鍵合意のためのパラメーターと鍵情報も送信されます。これにより、Client Helloメッセージを受け取ったサーバー側では、暗号スイートとこのKey Share拡張の内容に合意するならば、サーバー側の鍵情報と合わせてプリマスターキーの生成および鍵導出を行い、暗号化を開始することができるようになりました。

```
Key Share extension
    Client Key Share Length: 69
    Key Share Entry: Group: secp256r1, Key Exchange length: 65
        Group: secp256r1 (23)
        Key Exchange Length: 65
        Key Exchange: 042a9e4759a37da0cab6a1d55071d7…
```

　さらに、Client Helloメッセージでは、署名に使用できる署名スキームの一覧がsignature_algorithms拡張に示され、このあとのサーバー／クライアント認証や鍵導出に使用されます。

```
Extension: signature_algorithms (len=32)
    Type: signature_algorithms (13)
    Length: 32
    Signature Hash Algorithms Length: 30
    Signature Hash Algorithms (15 algorithms)
        Signature Algorithm: ecdsa_secp521r1_sha512 (0x0603)
            Signature Hash Algorithm Hash: SHA512 (6)
            Signature Hash Algorithm Signature: ECDSA (3)
        Signature Algorithm: ecdsa_secp384r1_sha384 (0x0503)
            Signature Hash Algorithm Hash: SHA384 (5)
            Signature Hash Algorithm Signature: ECDSA (3)
        Signature Algorithm: ecdsa_secp256r1_sha256 (0x0403)
            Signature Hash Algorithm Hash: SHA256 (4)
            Signature Hash Algorithm Signature: ECDSA (3)
        ...
```

　一方、サーバーから送られるServer Helloメッセージには、サーバーが合意したTLSのバージョン

や暗号スイートとともに、**key_share**拡張に(EC)DHの鍵情報が格納されています。クライアント側ではこれを使用してサーバー側と同様にプリマスターキーの生成、鍵導出を行い暗号化を開始します。

```
Handshake Protocol: Server Hello
    ...
    Cipher Suite: TLS_AES_128_GCM_SHA256 (0x1301)
    ...
    Extension: key_share (len=69)
        Type: key_share (51)
        Length: 69
        Key Share extension
            Key Share Entry: Group: secp256r1, Key Exchange length: 65
                Group: secp256r1 (23)
                Key Exchange Length: 65
                Key Exchange: 04b09ee9645d87359a4b6729be30c95fad6dda7a660052493d134f0b0740e0⏎
1bf1c4b1be…
        Extension: supported_versions (len=2)
            Type: supported_versions (43)
            Length: 2
            Supported Version: TLS 1.3 (0x0304)
```

 サーバーからはこのあと、Encrypted拡張としてServer Helloメッセージに付帯するTLS拡張で暗号化されたものが送られますが、現在のところこの部分にあまり重要な情報は含まれていません。

　次に、サーバーからはサーバー認証のためのサーバー証明書チェーン（**Certificate**）メッセージと検証用の署名（**Certificate Verify**）メッセージが送られます。

 これらの部分は暗号化されており通常は見ることができません。

CertificateメッセージにはDER形式の証明書が格納されます。

```
Handshake Protocol: Certificate
    Handshake Type: Certificate (11)
    Length: 938
```

```
    Certificate Request Context Length: 0
    Certificates Length: 934
    Certificates (934 bytes)
        Certificate Length: 929
        Certificate: 3082039d30820285020101300d0 … (pkcs-9-at-emailAddress=info@,,,com,⮌
id-at-commonName=www.wolfssl.com,id-at-organizationalUnitName=Support,id-at-organizationName=⮌
WolfSSL Japan,id
            signedCertificate
                serialNumber: 0x01
                signature (sha256WithRSAEncryption)
                    Algorithm Id: 1.2.840.113549.1.1.11 (sha256WithRSAEncryption)
                issuer: rdnSequence (0)
            ...

            algorithmIdentifier (sha256WithRSAEncryption)
                Algorithm Id: 1.2.840.113549.1.1.11 (sha256WithRSAEncryption)
            Padding: 0
            encrypted: 5ecc342d4d3fb775600e5e3039da737d0ef7e…
        Extensions Length: 0
```

　次のCertificate Verifyメッセージでは署名検証用の署名が送られ、クライアントは、Certificateメッセージで送られた証明書を使ってこれを検証します。メッセージには、署名に使用した署名スキーム（Signature Algorithm）と署名（Signature）が格納されています。

```
TLSv1.3 Record Layer: Handshake Protocol: Certificate Verify
    Opaque Type: Application Data (23)
    Version: TLS 1.2 (0x0303)
    Length: 281
    [Content Type: Handshake (22)]
    Handshake Protocol: Certificate Verify
        Handshake Type: Certificate Verify (15)
        Length: 260
        Signature Algorithm: rsa_pss_rsae_sha256 (0x0804)
            Signature Hash Algorithm Hash: Unknown (8)
            Signature Hash Algorithm Signature: SM2 (4)
        Signature length: 256
        Signature: 28462795dabf4f86da81b912755a775b850509eaf9bf14…
```

　このサンプルプログラムではサーバー認証のみを行うようになっていますが、クライアント認証も行

う場合（相互認証時）はクライアント側からも同様の証明書と署名を送り、サーバー側がそれを検証します。

これらのメッセージのあと、双方がハンドシェイクの終了を示すFinishedメッセージを送り、ハンドシェイクを終了します。

6.2.3　テスト①：TLSバージョンを変えてみる

本節サンプルプログラムのサーバーとクライアントでは、コンテクスト確保時に受け付けるTLSバージョンとして、ライブラリビルド時に組み込まれたすべてのバージョンを受け付けるよう指定しています。

●サーバー側

```
ctx = SSL_CTX_new(SSLv23_server_method());
```

●クライアント側

```
ctx = SSL_CTX_new(SSLv23_client_method());
```

まず試しに、クライアント側をTLS 1.3のみ受け付けるように変更してみましょう。

```
ctx = SSL_CTX_new(TLSv1_3_client_method());
```

実行して確認すると、Client Helloメッセージのsupported_versions拡張には、TLS 1.3のみがリストされていることがわかります。

```
Extension: supported_versions (len=3)
    Type: supported_versions (43)
    Length: 3
    Supported Versions length: 2
    Supported Version: TLS 1.3 (0x0304)
```

次にクライアント側を、TLS 1.2のみを受け付けるよう変更してみます。

```
ctx = SSL_CTX_new(TLSv1_2_client_method());
```

139

実行すると、今度はTLS 1.2で接続されていることが確認できます。このとき、Client Helloメッセージの内容を見るとsupported_versions拡張は存在せず、Client HelloメッセージがTLS 1.2の形式であることが確認できます。

No.	Time	Source	Destination	Protocol	Length	Info
5	0.000216	127.0.0.1	127.0.0.1	TLSv1.2	220	Client Hello
7	0.000293	127.0.0.1	127.0.0.1	TLSv1.2	151	Server Hello
9	0.000318	127.0.0.1	127.0.0.1	TLSv1.2	1000	Certificate
11	0.005711	127.0.0.1	127.0.0.1	TLSv1.2	394	Server Key Exchange
13	0.005732	127.0.0.1	127.0.0.1	TLSv1.2	65	Server Hello Done
15	0.008070	127.0.0.1	127.0.0.1	TLSv1.2	131	Client Key Exchange

図6.5　TLS 1.2形式になったClient Helloメッセージ

それでは、サーバー側をTLS 1.3のみ受け付けるように変更しましょう。

```
ctx = SSL_CTX_new(TLS1_3_server_method());
```

この状態でサーバーとクライアントを起動すると、サーバー側では次のようにバージョンエラーを検出します。

```
$ ./Server-tls
Waiting for a connection...
ERROR: failed SSL accept (err -326, record layer version error)
End of TLS Server
```

一方、クライアント側ではアラートメッセージを受信した旨のエラーメッセージが表示されます。

```
$ ./client-tls
Send to localhost(127.0.0.1)
ERROR: failed SSL connect (err -313, received alert fatal error)
End of TLS Client
```

このようにTLSでは通信の一方でエラーを検出した場合、相手方には単にアラートレコードを送信するだけでエラーの原因などは示さずに通信を切断します。エラー時の動作は、エラーが何らかのセキュリティに対する攻撃によるものであった場合に相手側にヒントとなりうる情報を一切送らないようにするために、このように規定されています。

6.2.4　テスト②：サーバー認証エラー

　それではさらに、クライアント／サーバーのサンプルプログラムを使ってサーバー認証エラーの場合の動作を見ていきましょう。

　certsディレクトリの下にあるサーバー証明書をローカルにコピーして、その内容を一部改変して不正な証明書を作ります。そして元の証明書と改変した証明書の内容をopensslコマンド（x509サブコマンド）の-textオプションによりテキスト編集したものを出力し、diffコマンドなどで差分を見て、改変箇所がASN.1の構文を崩していないことや、署名など適当な部分が改変されていることを確認します。

```
$ cp ../../certs/tb-server-cert.pem ./tb-server-cert2.pem

〜テキストエディターなどで内容を改変〜

$ openssl x509 -in tb-server-cert.pem -text > tb-server-cert.txt
$ openssl x509 -in tb-server-cert2.pem -text > tb-server-cert2.txt
$ diff tb-server-cert.txt tb-server-cert2.txt
45c45
<           74:62:d8:6d:21:11:eb:0c:82:50:22:a0:c3:88:52:7c:b3:c4:
---
>           74:62:d8:6d:21:11:eb:0c:82:50:22:a4:c3:88:52:7c:b3:c4:
69c69
< oMOIUnyzxOk4dRH+SkcmN8pW17Wp2WbS45BiHjVtgrAALMTv2dJpk8mQUjYQTTyF
---
> pMOIUnyzxOk4dRH+SkcmN8pW17Wp2WbS45BiHjVtgrAALMTv2dJpk8mQUjYQTTyF
```

　サーバーウィンドウで、改変した証明書を指定してサーバーを起動します。

```
$ ./Server-tls tb-server-cert2.pem
Waiting for a connection...
```

　クライアントウィンドウでクライアントを起動すると、サーバー認証エラーにより接続に失敗します。

```
$ ./client-tls
Send to localhost(127.0.0.1)
ERROR: failed SSL connect (err -155, ASN sig error, confirm failure)
End of TLS Client
```

　サーバー側も、SSL_accept()中にクライアントからアラートレコードが送られてきた旨メッセージが表示され、終了します。

```
ERROR: failed SSL accept (err -313, received alert fatal error)
End of TLS Server
```

6.3　TLS拡張

　本節では、前節の内容にClient HelloメッセージのTLS拡張プログラムを追加し、TLSによるメッセージ通信を行います。

　具体的には、表6.5に示すTLS拡張を追加します。

表6.5　本節で追加するTLS拡張

TLS拡張種別	設定値
supported_versions	最小プロトコル：TLS 1.2／最大プロトコル：TLS 1.3
supported_groups	P-521、P-384 および P-256
ALPN（Application-Layer Protocol Negotiation）	http/1.1
max_fragment_length	1024
SNI（Server Name Indication）	localhost
signature_algorithm	RSA+SHA256 RSA+SHA384 RSA-PSS+SHA256

　またクライアントには、使用する暗号スイートとしてTLS13-AES128-GCM-SHA256を指定します。

　サーバーは、クライアントの要求に対して受け入れ可能な場合、Server Helloを返信し、必要に応じてそこにTLS拡張を含めます。

6.3.1　サンプルプログラム：クライアントアプリケーション

　今回はクライアント側のみの変更となります。リスト6.7に、TLS拡張の流れを示します。このように、TLS拡張の追加などに関連するAPI関数の呼び出しを追加していきます。

リスト6.7 client-tls-exts.c

```
～定数定義～

#define CIPHER_LIST        "TLS13-AES128-GCM-SHA256"

～中略～

int main(int argc, char **argv)
{

    /* SSL コンテクストを確保し、CA証明書をロード */
    ctx = SSL_CTX_new(SSLv23_client_method());

    ～証明書のロード～

    /* TLS 1.3を最大プロトコルバージョンに指定する */
    SSL_CTX_set_max_proto_version(ctx, TLS1_3_VERSION);

    /* TLS 1.2を最小プロトコルバージョンに指定する */
    SSL_CTX_set_min_proto_version(ctx, TLS1_2_VERSION);

    /* 暗号スイートの指定 */
    /* TLS13-AES128-GCM-SHA256 を指定 */
    SSL_CTX_set_ciphersuites(ctx, CIPHER_LIST);

    /* supported_groups TLS 拡張の設定 */
    SSL_CTX_set1_groups_list(ctx, "P-521:P-384:P-256");

    /* signature_algorithm TLS 拡張設定 */
    SSL_CTX_set1_sigalgs_list(ctx, "RSA+SHA256:RSA+SHA384:RSA-PSS+SHA256");

    /* SNI TLS拡張を設定 */
    SSL_set_tlsext_host_name(ssl, "localhost");

    /* max_fragment_length TLS拡張を設定 */
    SSL_set_tlsext_max_fragment_length(ssl, TLSEXT_max_fragment_length_1024);

    /* ALPN TLS拡張を設定 */
    SSL_set_alpn_protos(ssl, protos, protos_len);

    ～以下、クライアントサンプルと同様～
```

TLSプロトコルによる通信

```
cleanup:
    ～リソースの解放～
}
```

　SSL_CTX_set_cipher_list()関数で暗号リストを指定している他、APIで各種TLS拡張の設定を行っています。

　以下、各拡張のAPI関数について解説します。

■ supported_versions拡張

　SSL_CTX_set_max_proto_version()／SSL_CTX_set_min_proto_version()関数により、使用可能な最大／最小TLSプロトコルバージョンを指定します。

　今回は、最大バージョンをTLS 1.3に（TLS1_3_VERSION）、最小バージョンをTLS 1.2に（TLS1_2_VERSION）設定しています。

■ supported_groups拡張

　SSL_CTX_set1_groups_list()関数により、サポートする楕円曲線暗号の曲線リストを指定します。

　今回は"P-521:P-384:P-256"として、P-521、P-384、およびP-256を指定しています。このように複数指定する場合は、「:」を区切り文字として使用します。

■ signature_algorithms拡張

　SSL_CTX_set1_sigalgs_list()関数により、サポートする署名アルゴリズムの組み合わせを指定します。その際、公開鍵アルゴリズムとハッシュアルゴリズムの組み合わせを「+」で結合して指定するか、rsa_pss_pss_sha256のような表記を使用します。

　複数指定する場合は、「:」を区切り文字として使用します。

■ SNI拡張

　SSL_set_tlsext_host_name()関数により、ホスト名を指定します。

■ ALPN拡張

　SSL_set_alpn_protos()関数により、ALPNで使用するプロトコルを指定します。

6.3.2 実行

コマンドライン引数は、6.2節で作成したクライアントプログラムと同じです。
Wiresharkを起動して、サーバー／クライアント双方のコマンドを起動します。

• サーバー側

```
$ ./Server-tls-exts
```

• クライアント側

```
$ ./Client-tls-exts
```

それでは、Client Helloメッセージの内容を確認しましょう。

まず、supported_versions拡張にはTLS 1.3／1.2だけが含まれています。

```
Extension: supported_versions (len=5)
    Type: supported_versions (43)
    Length: 5
    Supported Versions length: 4
    Supported Version: TLS 1.3 (0x0304)
    Supported Version: TLS 1.2 (0x0303)
```

supported_groups拡張にはP-521、P-384およびP-256が含まれています。

```
Extension: supported_groups (len=8)
    Type: supported_groups (10)
    Length: 8
    Supported Groups List Length: 6
    Supported Groups (3 groups)
        Supported Group: secp521r1 (0x0019)
        Supported Group: secp384r1 (0x0018)
        Supported Group: secp256r1 (0x0017)
```

max_fragment_lengthは1024となっています。

```
    Extension: max_fragment_length (len=1)
        Type: max_fragment_length (1)
        Length: 1
        Maximum Fragment Length: 1024 (2)
```

server_name拡張には、指定した「localhost」がセットされています。

```
Extension: server_name (len=14)
    Type: server_name (0)
    Length: 14
    Server Name Indication extension
        Server Name list length: 12
        Server Name Type: host_name (0)
        Server Name length: 9
        Server Name: localhost
```

signature_algorithms拡張には、RSA+SHA256／RSA+SHA384／RSA-PSS+SHA256のアルゴリズム（パディングPKCS1.4とPSS）だけが含まれています。

```
    Extension: signature_algorithms (len=10)
        Type: signature_algorithms (13)
        Length: 10
        Signature Hash Algorithms Length: 8
        Signature Hash Algorithms (4 algorithms)
            Signature Algorithm: rsa_pkcs1_sha256 (0x0401)
                Signature Hash Algorithm Hash: SHA256 (4)
                Signature Hash Algorithm Signature: RSA (1)
            Signature Algorithm: rsa_pkcs1_sha384 (0x0501)
                Signature Hash Algorithm Hash: SHA384 (5)
                Signature Hash Algorithm Signature: RSA (1)
            Signature Algorithm: rsa_pss_rsae_sha256 (0x0804)
                Signature Hash Algorithm Hash: Unknown (8)
                Signature Hash Algorithm Signature: SM2 (4)
            Signature Algorithm: rsa_pss_pss_sha256 (0x0809)
                Signature Hash Algorithm Hash: Unknown (8)
                Signature Hash Algorithm Signature: Unknown (9)
```

Cipher Suites拡張にはTLS_AES_128_GCM_SHA256のみが含まれています。

```
Cipher Suites (1 suite)
    Cipher Suite: TLS_AES_128_GCM_SHA256 (0x1301)
```

6.4 事前共有鍵（PSK）

　本節では、事前共有鍵によるTLS接続を行い、TLSによるメッセージ通信を行います。メッセージ通信部分は6.2節のサンプルと同様です。

　PSKによる接続では、TLS通信とは別途の何らかの方法で利用する共通の鍵値を共有しておきます。複数の鍵を利用することができます。その場合は、鍵ごとにアイデンティティも取り決めておきます。

　接続要求するクライアントで**SSL_connect()**関数が呼ばれると、あらかじめ登録してあるコールバック関数が呼び出されます。コールバック関数は接続で使用するアイデンティティと鍵値を返すので、それを受け取ったライブラリは鍵値をライブラリ内に保存し、アイデンティティだけを**Client Hello**メッセージに載せてサーバー側に送ります。

　サーバー側では、クライアントからのPSK接続要求があると、**SSL_accept()**関数の中で、受け取ったアイデンティティを引数に指定してあらかじめ登録されたコールバック関数を呼び出します。コールバック関数は引数で指定されたアイデンティティに対応する鍵値を返すので、ライブラリではこの値を使用してPSK接続を行います。

　PSKのモードには、この「鍵値を直接使用する」モードと、「鍵値をもとに(EC)DHEによる鍵共有を行いセッション鍵を得る」モードの2つがあります。通常は後者により鍵共有を行い、コールバックで指定した鍵値を直接使用することはありません。その場合も(EC)DHEのパラメーターと公開鍵が**Client Hello**／**Server Hello**メッセージの**key_share**拡張に示されるので、追加のメッセージを送ることなく**Server Hello**メッセージの直後から暗号化が開始されます。

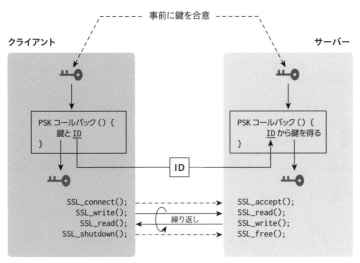

図6.6 事前共有鍵（PSK）

サンプルプログラム①：クライアントアプリケーション

リスト6.8に、クライアントアプリケーションの大まかな流れを示します。

リスト6.8 クライアントアプリケーションの大まかな流れ

```
～定数定義～

/* 鍵IDの例 */
static const char* kIdentityStr = "Client_identity";

/* PSKクライアントコールバック */
static inline unsigned int my_psk_client_cb(SSL* ssl, const char* hint,
        char* identity, unsigned int id_max_len, unsigned char* key,
        unsigned int key_max_len)
{
    /* 鍵IDのコピー */
    strncpy(identity, kIdentityStr, id_max_len);

    /* key：事前に合意した鍵 */
    /* ここでの値はOpenSSL manページの例 */
    key = (unsigned char*)"\x1a\x2b\x3c\x4d";

    /* 鍵長を返す */
```

```
    return strlen((const char*)key);
}

int main(int argc, char **argv)
{

    /* SSLコンテクストを確保し、CA証明書をロード */
    ctx = SSL_CTX_new(SSLv23_client_method());

    /* PSKコールバックの登録 */
    SSL_CTX_set_psk_client_callback(ctx, my_psk_client_cb);

    ～以下、6.2節のクライアントアプリケーションと同様～

cleanup:
    ～リソースの解放～
}
```

コールバック関数の登録

事前共有鍵による認証を行うため、SSL_CTX_set_psk_client_callback()関数でクライアント側のコールバック関数を登録します（第2引数に指定）。

コールバック関数はSSL_connect()関数の処理中に、事前鍵およびIDの取得のために呼び出されます。事前鍵はクライアント側に保持され、IDのみがサーバー側に送られます。

6.4.2 サンプルプログラム②：サーバーアプリケーション

続いて、リスト6.9にサーバーアプリケーションの大まかな流れを示します。

リスト6.9　サーバーアプリケーションの大まかな流れ

```
/* PSKサーバーコールバック */
static unsigned int my_psk_server_cb(SSL* ssl, const char* identity,
                     unsigned char* key, unsigned int key_max_len)
{
    /* 受け取ったidentityから使用する鍵を選択 */
    if (strncmp(identity, "Client_identity", 15) != 0) {
        printf("error!\n");
        return 0;
    }
```

```
    key = (unsigned char*)"\x1a\x2b\x3c\x4d"

    /* 鍵長を返す */
    return strlen((const char*)key);
}



int main(int argc, char **argv)
{
    /* SSLコンテクストを確保し、サーバー証明書、プライベート鍵をロード */
    SSL_CTX_new(SSLv23_server_method());

    /* PSKコールバックの登録 */
    SSL_CTX_set_psk_server_callback(ctx, my_psk_server_cb);

    ～以下、6.2節のサーバーアプリケーションと同様～

cleanup:
    ～リソースの解放～
}
```

　クライアント側同様、サーバー側でもコールバック関数を登録します。SSL_CTX_set_psk_server_callback()関数の第2引数に登録したコールバック関数は、SSL_accept()関数の処理中に呼び出されます。引数にクライアントから受け取ったIDが渡されるので、コールバック処理はIDに対応する事前鍵を返します。

6.4.3　実行

　サーバー／クライアントのコマンドライン引数は6.2節のプログラムと同じです。
　ここでは、ローカルホストのサーバー（Server-tls-psk）との単純なPSK接続を試してみましょう。まず、サーバーウィンドウでPSKサーバーを起動します。

```
$ ./Server-tls-psk
Waiting for a connection...
```

　次にクライアントウィンドウでPSKクライアントを起動すると、サーバーとPSK接続し、クライアント側のアイデンティティ名（Client_identity）をサーバー側に送ります。そしてPSK接続が成立し、送信メッセージのプロンプトが出力されます。

```
$ ./Client-tls-psk
Send to localhost(127.0.0.1)
Message to send:
```

この時点で、サーバー側では送られてきたアイデンティティ名（`Client_idenity`）とPSK接続成立のメッセージが表示されます。

```
Identity: Client_identity
Client connected successfully
```

ここまででハンドシェイクメッセージは図6.7のようになります。6.2節の例と比較すると、メッセージに証明書が含まれていないことがわかります。

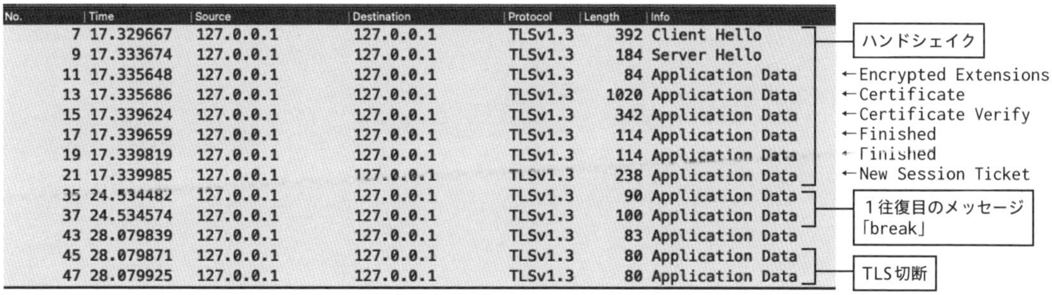

図6.7　パケットキャプチャ結果

また、Client Helloメッセージには`psk_key_exchange_modes`拡張が含まれており、クライアント側からPSK接続を要求していることがわかります。さらにその中には、「PSK-only」と「PSK with (EC)DHE」の2つの選択肢が示されていることも確認できます。

```
Extension: psk_key_exchange_modes (len=3)
    Type: psk_key_exchange_modes (45)
    Length: 3
    PSK Key Exchange Modes Length: 2
    PSK Key Exchange Mode: PSK-only key establishment (psk_ke) (0)
    PSK Key Exchange Mode: PSK with (EC)DHE key establishment (psk_dhe_ke) (1)
```

アイデンティティ名はPre-Shared Key拡張に含まれています。実際に見てみると、「436c69656e745f6964656e74697479」がコールバックで指定したClient_identityであることが確認できます。

```
Pre-Shared Key extension
    Identities Length: 21
    PSK Identity (length: 15)
        Identity Length: 15
        Identity: 436c69656e745f6964656e74697479
        Obfuscated Ticket Age: 0
    PSK Binders length: 33
    PSK Binders
```

　一方、Server Helloメッセージにはpre_shared_key拡張が存在し、key_shareにECDHの
secp256r1が合意されたことを示しています。

```
Handshake Protocol: Server Hello

    ～省略～

    Extension: pre_shared_key (len=2)
        Type: pre_shared_key (41)
        Length: 2
        Pre-Shared Key extension
            Selected Identity: 0
    Extension: key_share (len=69)
        Type: key_share (51)
        Length: 69
        Key Share extension
            Key Share Entry: Group: secp256r1, Key Exchange length: 65
                Group: secp256r1 (23)
                Key Exchange Length: 65
                Key Exchange: 04631bfc0c693fce42e72a19beedf44bd8d9fcae6f1813f391fb7d591c29405f85⏎
63a876…

    ～省略～
```

6.5 セッション再開

　本節では、セッション再開によるメッセージ通信を行います。

　本節のクライアントプログラムとしては、最初のセッション用（Client-tls-session）とセッション再開用（Client-tls-resume）の2つを使用します。なおサーバーは、6.2節のサーバー（Server-tls）をそのまま利用します。

　最初のセッションでは、サーバーからセッションチケットを受け取って、ファイルに保存しておきます。セッション再開時、クライアントはファイルに保存したセッション情報を読み出し、それを使用してセッションを再開します。

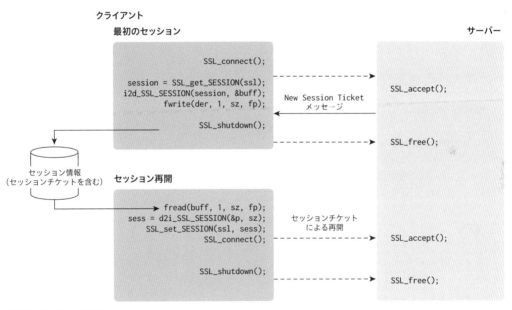

図6.8　セッション再開

　最初のセッションでクライアントとサーバーのハンドシェイクが完了して安全なセッションが確立すると、サーバーからNew Session Ticketメッセージが送信されます。そしてクライアントは、送られてきたチケットをファイルに格納しておきます。

　セッション再開のクライアントでは、起動時にファイルからチケットを読み出し、コンテキストに登録します。そしてSSL_connect()関数を呼び出すと、登録されたセッションチケットがサーバーに送られて、サーバー側ではそのチケットを使用してセッションを再開します。

153

6.5.1　サンプルプログラム：クライアントアプリケーション

最初のセッション

最初のセッションを行うプログラムの流れをリスト6.10に示します。

リスト6.10　最初のセッションを行うプログラムの流れ

```c
/* セッションを保存 */
static int write_SESS(SSL_SESSION *sess, const char* file)
{
    ～各種変数宣言、ファイルオープンなど～

    sz       = i2d_SSL_SESSION(session, &buff);
    fwrite(der, 1, sz, fp);

    ～リソース解放～
}

int main(int argc, char **argv)
{
    ～各種変数の宣言～

    SSL_SESSION *session = NULL;

    /* SSLコンテクスト確保、CA証明書ロード */
    ctx = SSL_CTX_new(SSLv23_client_method());

    ～省略～

    SSL_connect(ssl);

    while(1) {
        ～メッセージ入力～

        /* サーバーへ送信 */
        SSL_write(ssl, msg, sendSz));

        session = SSL_get_session(ssl);
        write_SESS(session);    /* セッションを保存 */

    ～以下、6.2節と同様～
```

```
cleanup:
    ～リソースの解放～

    SSL_SESSION_free(session);

    ～以下、6.2節のクライアントアプリケーションと同様～
}
```

6.2節のクライアントアプリケーションと同様にサーバーとのSSL接続を確立し、TLSメッセージを送受信します。TLSメッセージを送信後、送信コマンドが「break」の場合、セッション再開で利用するためのセッション管理情報をファイルに保存して、終了します。

ここで重要なのがSSL_SESSION構造体です。これは、SSL構造体で管理されている接続情報のうち、セッションチケットなどセッション再開で必要とされる情報一式を抽出し、管理する構造体です。

```
SSL_SESSION *session = NULL;
```

SSL_SESSION構造体の確保にはSSL_get_SESSION()関数を用います。

```
session = SSL_get_session(ssl);
```

このAPI関数は、SSL構造体の接続情報から、セッション再開に必要なデータ一式を抽出します。またそのときSSL_SESSION構造体に必要な領域を確保し、そのポインターを返します。SSL_get_SESSION()関数の呼び出しは、クライアントがSSL_connect()関数を実行後、TLSの安全な接続が確保されている間に呼び出します。

確保されたSSL_SESSION構造体の内容は、TLSライブラリの内部形式になっていますが、これをファイルに保存するためにASN.1形式に変換します。その際に使うAPI関数がi2d_SSL_SESSION()です。i2d_SSL_SESSION()関数は、第2引数で渡されたポインターに必要なメモリを確保し、ASN.1形式に変換したデータを書き込みます。また、戻り値はASN.1形式変換に必要な長さとなります。

Note 第2引数にNULLが渡された場合でも、関数の戻り値はASN.1形式変換に必要な長さになります。そのため、単にASN.1変換時のサイズを知りたいだけの場合、第2引数にNULLを渡します。すると、関数は変換自体を行うことなく、変換時のサイズを返してくれます。

TLSプロトコルによる通信

　ASN.1形式に変換されたデータは、fwrite()関数で指定のファイルに書き込まれます。

　そしてアプリケーションの最後に、確保したSSL_SESSION構造体をSSL_SESSION_free()関数で解放します。

📖 セッション再開

　セッションを再開するプログラムの流れを、リスト6.11に示します。

リスト6.11　セッション再開のプログラムの流れ

```
/* セッション読み出し  */
static int read_SESS(const char* file, SSL* ssl)
{
    ～各種変数宣言、ファイルオープンなど～

    /* sz：ファイルサイズ */
    buff = malloc(sz);

    fread(buff, 1, sz, fp);
    p    = buff;
    sess = d2i_SSL_SESSION(&p, sz);
    SSL_set_SESSION(ssl, sess);

    ～リソース解放～
}

int main(int argc, char **argv)
{
    /* SSLコンテクストを確保し、サーバー証明書、プライベート鍵をロード */
    ctx = SSL_CTX_new(SSLv23_server_method());

    ～省略～

    ssl = SSL_new(ctx);

    read_SESS(ssl); /* セッション読み出し */

    ～省略～

    SSL_connect(ssl);

    ～以下、6.2節のクライアントアプリケーションと同様～
```

```
cleanup:
    ~リソースの解放~
}
```

　ファイルに保存されたセッション管理情報を読み込み、TLS接続時にセッションを再開できるように
SSL構造体に設定します。その後、6.2節のクライアントアプリケーションと同様にサーバーとのSSL接
続を確立し、TLSメッセージを送受信します。

　このプログラムでは、セッションの読み出しをread_sess()関数で行っていますが、その処理の中で
も重要なのが、APIのSSL_set_SESSION()関数です。この関数は、事前にSSL_get_SESSION()関数
で取り出したSSL_SESSION構造体を、セッション再開のためにSSL構造体に設定します。なお、SSL_
set_SESSION()関数は、クライアントでSSL_connect()関数を実行する前に呼び出します。

　また、ファイルから読み出したASN.1形式のセッションデータは、SSL_set_SESSION()関数で設定
する前に内部形式に戻しておく必要があります。その際に使われるのが、d2i_SSL_SESSION()関数で
す。この関数は、ASN.1形式で保存されたSSL_SESSION構造体のデータを内部形式のSSL_SESSION
構造体へ再構築し、そのポインターを返します。

6.5.2 実行

　コマンドライン引数の形式は6.2節のサーバー／クライアントプログラムと同じです。

　最初にサーバーウィンドウでサーバー側を起動しておきます。

```
$ ./Server-tls
Waiting for a connection...
```

　次に最初のセッション用のクライアントを起動し、フルハンドシェイクによるセッションを確立しま
す。このとき、サーバーからNew Session Ticketが送られてきているはずなので、「break」を送っ
てサーバーへの接続を終了します。そして、セッション情報はファイル（session.bin）に保存します。

```
$ ./Client-session-tls
Send to localhost(127.0.0.1)
Message to send: Hello server
Received: I hear ya fa shizzle!
Message to send: break
End of TLS Client
```

TLSプロトコルによる通信

　サーバー側でも、最初のセッションに対応するメッセージが出力されます。最初のセッション終了後、次の接続待ち状態に入ります。

```
Client connected successfully
Received: Hello server
Received: break
Received break command
Closed the connection
Waiting for a connection...
```

　ここまでで、Wireshark上でも（暗号化されているものの）フルハンドシェイクとアプリケーションメッセージのやり取りが確認できます。

No.	Time	Source	Destination	Protocol	Length	Info
5	0.001716	127.0.0.1	127.0.0.1	TLSv1.3	312	Client Hello
7	0.003624	127.0.0.1	127.0.0.1	TLSv1.3	184	Server Hello
9	0.004412	127.0.0.1	127.0.0.1	TLSv1.3	84	Application Data
11	0.004446	127.0.0.1	127.0.0.1	TLSv1.3	1020	Application Data
13	0.008345	127.0.0.1	127.0.0.1	TLSv1.3	342	Application Data
15	0.008371	127.0.0.1	127.0.0.1	TLSv1.3	114	Application Data
17	0.008506	127.0.0.1	127.0.0.1	TLSv1.3	114	Application Data
19	0.008620	127.0.0.1	127.0.0.1	TLSv1.3	238	Application Data
21	7.262450	127.0.0.1	127.0.0.1	TLSv1.3	90	Application Data
23	7.262562	127.0.0.1	127.0.0.1	TLSv1.3	100	Application Data
25	9.829919	127.0.0.1	127.0.0.1	TLSv1.3	83	Application Data
27	9.830322	127.0.0.1	127.0.0.1	TLSv1.3	80	Application Data
31	9.831596	127.0.0.1	127.0.0.1	TLSv1.3	80	Application Data

図6.9　Wiresharkの表示例

　次に、セッション再開用のクライアントを起動します。このクライアントは先ほどファイルに保存したセッション情報を読み出し、セッション再開を実行します。セッションが再開されたら、送信メッセージの入力プロンプトが表示されるので適当なメッセージを入力し、「break」コマンドでセッションを終了します。

```
$ ./Client-resume-tls
Send to localhost(127.0.0.1)
session.bin size = 255
Resuming session
Session is reused
Message to send: Hello again
Received: I hear ya fa shizzle!
```

```
Message to send: break
Sending break command
End of TLS Client
```

その間、サーバー側には受信したメッセージが表示されます。

```
Client connected successfully
Received: Hello again
Received: break
Received break command
Closed the connection
Waiting for a connection...
```

そして、Wireshark上にはセッション再開分のメッセージが同様に追加表示されます。

```
39 22.523241    127.0.0.1    127.0.0.1    TLSv1.3    532 Client Hello
41 22.524809    127.0.0.1    127.0.0.1    TLSv1.3    222 Server Hello
43 22.525587    127.0.0.1    127.0.0.1    TLSv1.3     84 Application Data
45 22.525612    127.0.0.1    127.0.0.1    TLSv1.3    114 Application Data
47 22.525778    127.0.0.1    127.0.0.1    TLSv1.3    114 Application Data
49 22.525837    127.0.0.1    127.0.0.1    TLSv1.3    238 Application Data
51 42.045453    127.0.0.1    127.0.0.1    TLSv1.3     89 Application Data
53 42.045528    127.0.0.1    127.0.0.1    TLSv1.3    100 Application Data
55 46.965259    127.0.0.1    127.0.0.1    TLSv1.3     83 Application Data
57 46.965287    127.0.0.1    127.0.0.1    TLSv1.3     80 Application Data
60 46.965341    127.0.0.1    127.0.0.1    TLSv1.3     80 Application Data
```

図6.10　Wiresharkの表示例

　しかし、`Client Hello`／`Server Hello`メッセージの詳細を見ると、プロトコル上はPSKと同様の扱いでセッション再開が実現されていることがわかります。

• Client Helloメッセージ

```
TLSv1.3 Record Layer: Handshake Protocol: Client Hello

    ～省略～

    Extension: psk_key_exchange_modes (len=3)
        Type: psk_key_exchange_modes (45)
        Length: 3
        PSK Key Exchange Modes Length: 2
```

```
        PSK Key Exchange Mode: PSK-only key establishment (psk_ke) (0)
        PSK Key Exchange Mode: PSK with (EC)DHE key establishment (psk_dhe_ke) (1)
    Extension: key_share (len=71)
        Type: key_share (51)
        Length: 71
        Key Share extension
            Client Key Share Length: 69
            Key Share Entry: Group: secp256r1, Key Exchange length: 65
                Group: secp256r1 (23)
                Key Exchange Length: 65
                Key Exchange: 0486fb0b50d08da72595027a3a7cc307f075008239e7cdbe9a7db50523aceb9e…

    ～省略～

    Extension: pre_shared_key (len=185)
        Type: pre_shared_key (41)
        Length: 185
        Pre-Shared Key extension
            Identities Length: 148
            PSK Identity (length: 142)
                Identity Length: 142
                Identity: a574646e6cdf354513f74092c47a9074e8e4c7342942a70f3a171cf25c868013004c…
                Obfuscated Ticket Age: 3369942077
            PSK Binders length: 33
            PSK Binders]
```

• Server Helloメッセージ

```
TLSv1.3 Record Layer: Handshake Protocol: Server Hello

    ～省略～

    Cipher Suite: TLS_AES_128_GCM_SHA256 (0x1301)

    ～省略～

    Extension: pre_shared_key (len=2)
        Type: pre_shared_key (41)
        Length: 2
        Pre-Shared Key extension
            Selected Identity: 0
```

160

```
Extension: key_share (len=69)
    Type: key_share (51)
    Length: 69
    Key Share extension
        Key Share Entry: Group: secp256r1, Key Exchange length: 65
            Group: secp256r1 (23)
            Key Exchange Length: 65
            Key Exchange: 04d9f17a76094cceefc17f43acc3ea255b909bb348b6204dfecdba4935953e5d…
```

6.6 Early Data (0-RTT)

本節では、6.5節のサンプルプログラムをもとに、Early Data（0-RTT）によるメッセージ通信を行います。

6.6.1 Early Data使用上の注意

Early Dataは、前のセッションの鍵を利用しているため前方秘匿性が低く、そのためクリティカルな情報の送受信に使用してはいけません。また、リプレイ攻撃に弱い点もあるため、実用のプログラムでは、何らかの形であらかじめ送受信者がデータの内容についてある程度の合意をしており、その合意にもとづいてアプリケーション側リプレイ攻撃を判別できるようにしておく配慮も必要です。

本書のサンプルプログラムはあくまで基本機能を理解するためのものであり、そのような配慮はされていない点には注意してください。

6.6.2 サンプルプログラム①：クライアントアプリケーション

最初のセッション

クライアント側の最初のセッションです。TLS接続後、適当なタイミングでセッションチケットを含むセッション情報を保存します。このプログラムは、6.5節のクライアントアプリケーションをそのまま利用します。

クライアント：セッション再開

このクライアントプログラムでは、サーバーとのセッションを再開し、再開時にEarly Data（0-RTT）を送信します（リスト6.12）。Early Dataに関する部分以外のセッション再開の流れは6.5節と同じです。

リスト6.12　クライアントアプリケーションの大まかな流れ

```c
/* Ealy Data(0-RTT)の送信  */
static int writeEarlyData(SSL* ssl, const char* msg, size_t msgSz)
{
    /* Ealry Data の書き出し */
    ret = SSL_write_early_data(ssl, msg, msgSz, &writtenbytes);
    if (msgSz != writtenbytes || ret <= 0) {

        ～エラー処理～

    }
    else
        ret = SSL_SUCCESS;
    return ret;
}


int main(int argc, char **argv)
{

    ～準備処理～

    while(1) {

        ～セッションの再開処理～

        if(writeEarlyData(ssl, kEarlyMsg, sizeof(kEarlyMsg)-1)) != SSL_SUCCESS) {

            ～エラー処理～

        }

        SSL_connect(ssl);

        ～以下同様～

    }

cleanup:
    ～リソースの解放～
}
```

TLSのセッション再開時に**SSL_write_early_data()**関数によりEarly Dataを送信します。送信はセッション再開ハンドシェイクの一環として行われ、Early Dataの送信が完了した時点で関数はリターンします。

その後、**SSL_connect()**を呼び出し、ハンドシェイクの残り部分を完了させます。

6.6.3 サンプルプログラム②：サーバーアプリケーション

Early Dataを受信するための流れを示します（リスト6.13）。Early Data処理部分を除いて、処理はこれまでと同じです。

リスト6.13　サーバーアプリケーションの大まかな流れ

```
static void ReadEarlyData(SSL* ssl)
{
    do {
        ～省略～
        /* Early Data の読み出し*/
        ret = SSL_read_early_data(ssl, early_data, sizeof(early_data)-1, &len);
        if (ret <= 0) {
            エラー処理
        }
        /* len に受信した Early Data のサイズがセットされる */
        if (len > 0) {

            ～Early Dataがあった場合の処理～

        }
    } while(ret > 0);
}

int main(int argc, char **argv)
{

    /* SSLコンテクスト確保、サーバー証明書・鍵ロード */
    ctx = SSL_CTX_new(SSLv23_server_method());

    ～省略～

    while (1) {
        printf("Waiting for a connection...\n");
```

```
    ～省略～

    /* Early Data の受信 */
    ReadEarlyData(ssl);

    SSL_accept(ssl);

    ～省略～

cleanup:
    ～リソースの解放～
}
```

　TLSの安全なセッションが再開され、クライアントからEarly Dataが送信されている場合、**SSL_read_early_data()**関数によりEarly Dataを受信して、関数からリターンします。

　その後、**SSL_accept()**関数を呼び出してハンドシェイクの残り部分を完了させます。

6.6.4　実行

　プログラムの実行手順は6.5節と同じです。

　サーバー側のウィンドウでサーバー（**Server-tls-eld**）を起動し、クライアント側で最初のセッション（**Client-tls-session**）を実行します。

```
$ ./Server-tls-eld
Waiting for a connection...
Client connected successfully
Received: Hello server
Received: break
Received break command
Closed the connection
Waiting for a connection...
```

```
$ ./Client-tls-session
Send to localhost(127.0.0.1)
Message to send: Hello server
Received: I hear ya fa shizzle!
Message to send: break
End of TLS Client
```

　最初のセッションを終了すると、サーバー側では次のセッションの待ち状態になるので、Early Data付きのセッション再開クライアント（Client-tls-eld）を起動します。セッション再開時にEarly Dataが送信され、アプリケーションメッセージ入力のプロンプトが表示されます。メッセージを入力して、セッションを終了しましょう。

```
$ ./Client-tls-eld
Send to localhost(127.0.0.1)
session.bin size = 263
Resuming session
Early Data: good early morning
Session is reused
Early Data is accepted
Message to send: Hello again
Received: I hear ya fa shizzle!
Message to send: break
Sending break command
End of TLS Client
```

　サーバー側では、セッション再開で受信したEarly Dataとアプリケーションメッセージが表示されます。

```
Early Data Client message: good early morning
Client connected successfully
Received: Hello again
Received: break
Received break command
Closed the connection
Waiting for a connection...
```

　この間、Wiresharkでパケットをモニターしていると、後半のセッション再開部分は以下のようなパケットがキャプチャできます。まずClient Helloメッセージにはearly_data拡張が含まれており、このセッションにはEarly Dataが存在することを示しています。

```
Extension: early_data (len=0)
    Type: early_data (42)
    Length: 0
```

TLSプロトコルによる通信

　そして Client Hello メッセージのあとに通常の Application Data レコードと同じ形式で暗号化されたEarly Dataが送信されているのがわかります。

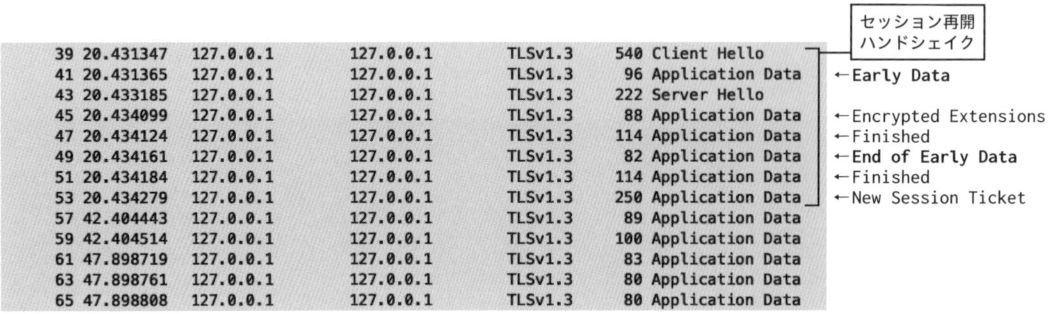

```
39 20.431347   127.0.0.1    127.0.0.1    TLSv1.3    540 Client Hello         ┐ セッション再開
41 20.431365   127.0.0.1    127.0.0.1    TLSv1.3     96 Application Data        ハンドシェイク
43 20.433185   127.0.0.1    127.0.0.1    TLSv1.3    222 Server Hello         ←Early Data
45 20.434099   127.0.0.1    127.0.0.1    TLSv1.3     88 Application Data     ←Encrypted Extensions
47 20.434124   127.0.0.1    127.0.0.1    TLSv1.3    114 Application Data     ←Finished
49 20.434161   127.0.0.1    127.0.0.1    TLSv1.3     82 Application Data     ←End of Early Data
51 20.434184   127.0.0.1    127.0.0.1    TLSv1.3    114 Application Data     ←Finished
53 20.434279   127.0.0.1    127.0.0.1    TLSv1.3    250 Application Data    ┘←New Session Ticket
57 42.404443   127.0.0.1    127.0.0.1    TLSv1.3     89 Application Data
59 42.404514   127.0.0.1    127.0.0.1    TLSv1.3    100 Application Data
61 47.898719   127.0.0.1    127.0.0.1    TLSv1.3     83 Application Data
63 47.898761   127.0.0.1    127.0.0.1    TLSv1.3     80 Application Data
65 47.898808   127.0.0.1    127.0.0.1    TLSv1.3     80 Application Data
```

図6.11　Wiresharkの表示例

　また、6.5節で見た通常のセッション再開のパケットと比べると、クライアントからFinishedメッセージが送られる前に、Early Dataの終了を示すEnd of Early Dataメッセージも追加されていることがわかります。

TLSを使ったプログラミング　Part 2

Chapter

7

暗号アルゴリズム

　本章では、TLSの基礎ともなっている、各種の暗号アルゴリズムに関するサンプルプログラムを紹介します。アルゴリズムごとにハッシュ、メッセージ認証コード、RSA公開鍵による暗号化、署名検証、楕円曲線暗号による署名検証や鍵合意など、順を追って紹介します（表7.1）。

表7.1　本章で実装するサンプル

ディレクトリ名	説明
`01.hash`	ハッシュ
`02.hmac`	HMACによるメッセージ認証コード
`03.sym`	共通鍵暗号（AES-CBC／AES-GCM）
`04.keyGen`	公開鍵生成（RSA）
`05.rsaEnc`	RSA暗号
`06.rsaSig`	RSA署名

7.1　共通ラッパーとalgo_main()関数

　本章のプログラムはコマンドとして動作するように、共通のラッパーとして動作する`main()`関数を用意しており、その内容は`common/main.c`に記述されています。`main.c`の`main()`関数は一連のコマンドライン引数のチェックと解析を行い、`algo_main()`関数を呼び出します。

　`algo_main()`関数は各アルゴリズムに対応する個別の関数です。このラッパーを使用することにより、個別のアルゴリズムの関数は、そのアルゴリズムのための固有の処理だけを行うことができます。

　このラッパー関数を使ったコマンドは以下のコマンドライン引数を受け付けます。

- 第1引数：ファイル名（デフォルト入力。省略可）
- 第2引数：ファイル名（デフォルト出力。省略可）

以下のオプション引数

- `-e`：暗号化処理
- `-d`：復号処理
- `-k`：次の引数で16進表記の鍵値を指定
- `-i`：次の引数で16進表記のIV値を指定
- `-t`：次の引数で16進表記のタグ値を指定

algo_main()関数は、main.h内でリスト7.1のように定義されています。main.c内のmain()関数は引数の解析内容をalgo_main()関数の引数に渡します。

リスト7.1　algo_main()関数の宣言

```
void algo_main(int mode, FILE *fp1, FILE *fp2,
               unsigned char *key, int key_sz,
               unsigned char *iv,  int iv_sz,
               unsigned char *tag, int tag_sz
               );
```

■ 第1／第2引数

第1／第2引数で指定されたファイルは、fopen()してファイルディスクリプターfp1およびfp2に引き継がれます。デフォルトのオープンモードはfp1は"rb"、fp2は"wb"です。変更する場合はMakefile内でコンパイル時定義のマクロOPEN_MODE1、OPEN_MODE2により、任意のモード文字列を定義できます。

オープンに失敗した場合はmain()関数内でエラーメッセージを出力し、algo_main()関数は呼び出しません。また、引数が省略された場合はfp1、fp2にはNULLが引き渡されます。

■ オプション引数

ラッパー関数は-e／-dで示されたモードや-k／-i／-tで指定された任意の長さの16進値をalgo_main()関数に渡します。もし不正な16進文字列を検出した場合はmain()関数内でエラーを出力し、algo_main()関数は呼び出しません。

オプション引数が指定されていない場合は、ポインター値にNULLが引き渡されます。オプション引数の必要性や、サイズが適切かどうかは個々のalgo_main()関数でチェックします。

■ バッファーサイズ

サンプルで使用している暗号処理APIは、メモリサイズの許す限り大きなバッファーで一度に処理することができます。しかし、小さな処理単位を繰り返して大きなサイズのデータを処理する例を示すために、ここではあえてバッファーサイズを制限しています。

 バッファーサイズを変更する場合は、各アルゴリズムのソースコードの先頭付近にある定義「#define BUFF_SIZE」を編集してください。

7.2　メッセージのハッシュを求める

本節では、メッセージのハッシュ値を求め、それを表示するサンプルプログラムを作成していきます。

7.2.1　ハッシュを求めるAPI関数

OpenSSLおよびwolfSSLでは、与えられたデータのハッシュ（メッセージダイジェスト）を求めるために、"EVP_MD_CTX"／"EVP_Digest"で始まる一連の関数を用意しています。実行するハッシュアルゴリズムはEVP_DigestInit()関数で初期化する際に指定します。

ハッシュ処理のための基本的な関数を表7.2にまとめます。

表7.2　ハッシュ処理のための基本的な関数

関数名	機能
EVP_MD_CTX_new()	ハッシュ処理コンテクストを確保
EVP_MD_CTX_free()	ハッシュ処理コンテクストを解放
EVP_DigestInit()	ハッシュ種別を指定してコンテクストを初期化
EVP_DigestUpdate()	対象メッセージを追加。繰り返して呼び出し可能
EVP_DigestFinal()	ハッシュ値を求める

EVP_DigestInit()関数で初期化する際に指定可能な主なアルゴリズムを表7.3にまとめます。

表7.3　EVP_DigestInit()関数で指定できる主なハッシュアルゴリズム

アルゴリズム	初期化関数名
MD5	EVP_md5()
Sha-1	EVP_sha1()
Sha-224	EVP_sha224()
Sha-256	EVP_sha256()
Sha-384	EVP_sha384()
Sha-512	EVP_sha512()
Sha-512/224	EVP_sha512_224()
Sha-512/256	EVP_sha512_256()
Sha3-224	EVP_sha3_224()
Sha3-256	EVP_sha3_256()
Sha3-384	EVP_sha3_384()
Sha3-512	EVP_sha3_512()

7.2.2 サンプルプログラム

　本節のサンプルプログラムは、コマンドライン引数のうち最大2つを利用します。1つ目は入力データを格納した入力データファイルパス、2つ目はハッシュデータを出力する先のファイルパスです。そのうち出力先ファイルパスはオプションであり、指定されない場合、ハッシュデータは標準出力に出力されます。与える入力データのサイズは任意であり、出力されるハッシュデータは、SHA-256の場合32バイトのバイナリデータとして出力されます。

　リスト7.2に、サンプルプログラムの内容を示します。

リスト7.2　sha256.c

```c
#include <stdio.h>
#include <string.h>
#include <openssl/ssl.h>

#define BUFF_SIZE    16

int algo_main(int mode, FILE *infp, FILE *outfp,
              unsigned char *key, int key_sz,
              unsigned char *iv, int iv_sz,
              unsigned char *tag, int tag_sz)
{
    ～省略～

    /* 処理コンテクスト確保 */
    EVP_MD_CTX_init(&mdCtx);

    /* ハッシュアルゴリズムの指定 */
    if (EVP_DigestInit(&mdCtx, EVP_sha256()) != SSL_SUCCESS) {
        ～エラー処理～
    }

    while (1) {
        if ((inl = fread(in, 1, BUFF_SIZE, infp)) <0) {
            ～エラー処理～
        }

        /* ハッシュ処理 */
        if (EVP_DigestUpdate(&mdCtx, in, inl) != SSL_SUCCESS) {
            ～エラー処理～
        }
```

```
        if(inl < BUFF_SIZE)
            break;
    }

    /* ハッシュ値をバッファーに出力 */
    if (EVP_DigestFinal(&mdCtx, digest, &dmSz) != SSL_SUCCESS) {
        ～エラー処理～
    }

    /* 出力 */
    if (fwrite(digest, dmSz, 1, outfp) != 1) {
        ～エラー処理～
    }

cleanup:
    return 0;
}
```

　処理の始めに、EVP_MD_CTX_init()関数により、処理コンテクスト（mdCtx変数）を準備します。

　次にEVP_DigestInit()関数により、用意したコンテクストに対してハッシュアルゴリズムを指定します。この例ではSHA-256を指定しています（EVP_sha256()）。表7.3に従ってこの部分を変更することで、他のハッシュアルゴリズムの処理を行うことができます。

　ハッシュ処理はEVP_DigestUpdate()関数によって行います。メモリサイズの制限が許す場合は入力データ全体を一括してEVP_DigestUpdate()関数に渡すことができますが、制限がある場合は適当な大きさに区切ってEVP_DigestUpdate()関数を複数回呼び出すこともできます。

　最後に、EVP_DigestFinal()関数により、コンテクストに保存されていたハッシュ値をバッファーに出力し、その後ファイルあるいは標準出力に出力して終了します。

7.2.3　実行

　msg.txtに格納されたメッセージのハッシュ値（バイナリ値）をhash.binファイルに出力し、出力された値を16進ダンプしましょう。

```
$ ./sha256 msg.txt hash.bin
$ hexdump hash.bin
0000000 c4 e8 fe 54 5d 7c fd b0 07 aa 51 0e 6b 98 d7 7d
0000010 c2 3f e0 f6 75 0f a8 42 08 92 ea 41 96 f5 03 24
0000020
```

さらに、同じファイルのハッシュ値をopensslコマンド（dgstサブコマンド）で求め、同じ値であることを確認してみましょう。

```
$ openssl dgst -sha256 msg.txt
SHA256(msg.txt)= c4e8fe545d7cfdb007aa510e6b98d77dc23fe0f6750fa8420892ea4196f50324
```

7.3 メッセージ認証コード

OpenSSL/wolfSSLでは、与えられたデータを鍵とともに、メッセージ認証コードを生成するための「HMAC」で始まる表7.4のような一連の関数を用意しています。本節では、このHMAC関数を使用したプログラム例について解説します。

表7.4 HMACに関するAPI関数

機能	関数名
コンテクストの確保	HMAC_CTX_new()
コンテクストの複製	HMAC_CTX_copy()
MD構造体の取得	HMAC_CTX_get_md()
初期設定	HMAC_Init_ex()
ハッシュの更新	HMAC_Update()
終了処理	HMAC_Final()
コンテクストの解放	HMAC_CTX_free()

7.3.1 サンプルプログラム

それでは、HMAC関数を使用してハッシュ処理を実現するプログラム例を見ていきましょう。
このプログラムではコマンドライン引数のうち、次の2つを利用します。

- 第1引数（入力ファイル）：指定されたファイル名のファイルを入力データとして使用する
- 第2引数（出力ファイル）：指定されたファイル名のファイルに結果のデータを出力する。省略した場合、標準出力に出力する

さらに、以下のオプション引数も利用します。

- -k：続く引数で、鍵値を16進数で指定する。最低でも1バイトの指定が必要

リスト7.3に、HMAC関数を使うサンプルプログラムを示します。

リスト7.3　hmac.c

```c
#include <stdio.h>
#include <string.h>
#include <openssl/ssl.h>

#define BUFF_SIZE    16

int algo_main(int mode, FILE *infp, FILE *outfp,
              unsigned char *key, int key_sz,
              unsigned char *iv, int iv_sz,
              unsigned char *tag, int tag_sz)
{
    ～省略～

    /* ハッシュアルゴリズムの選択 */
    md = EVP_get_digestbyname("SHA-1");
    if (md == NULL) {
        ～エラー処理～
    }

    /* コンテクストの確保 */
    if ((hctx = HMAC_CTX_new()) == NULL) {
        ～エラー処理～
    }

    /* コンテクストの初期化 */
    if (HMAC_Init_ex(hctx, key, key_sz, md, NULL) != SSL_SUCCESS) {
        ～エラー処理～
    }

    while (1) {
        /* 読み込み */
        if ((inl = fread(in, 1, BUFF_SIZE, infp)) <0) {
            ～エラー処理～
```

```
    }

    /* メッセージ認証コードの計算を更新 */
    if (HMAC_Update(hctx, (const unsigned char*)in, inl) != SSL_SUCCESS) {
        ～エラー処理～
    }
    if(inl < BUFF_SIZE)
        break;
    }

    /* メッセージ認証コードの取得 */
    if (HMAC_Final(hctx, hmac, &len) != SSL_SUCCESS) {
        ～エラー処理～
    }

    /* 出力 */
    if (fwrite(hmac, len, 1, outfp) != 1) {
        ～エラー処理～
    }

cleanup:
    if (hctx !=NULL)
        /* コンテクストの解放 */
        HMAC_CTX_free(hctx);

    return 0;
}
```

メッセージ認証コードの生成は、入力データと鍵データを合成したうえで、指定したハッシュアルゴリズムを使ってハッシュすることで行います。

具体的には、処理の始めにハッシュアルゴリズムを選択して、メッセージダイジェスト構造体を取得しておきます。その後、処理コンテクストとして管理ブロック HMAC_CTX を確保します。次に HMAC_Init_ex() 関数により、初期設定関数で確保したコンテクストに対して、メッセージダイジェスト構造体とハッシュ対象のデータ、そして合成する鍵データを与えて初期化を実行します。

ハッシュ処理は HMAC_Update() 関数によって行います。メモリサイズの制限が許す場合は入力データ全体を一括して HMAC_Update() 関数に渡すことができますが、制限がある場合は適当な大きさに区切って HMAC_Update() 関数を複数回呼び出すこともできます。最後に HMAC_Final() 関数により、コンテクストに保存されていたハッシュ値（メッセージ認証コード）をバッファーに出力して、ファイルに書き出します。

このプログラムでは、ハッシュアルゴリズムとしてSHA-1を使用していますが、ハッシュアルゴリズムが設定されたメッセージダイジェスト構造体（EVP_MD）を後述のHMAC初期化関数（HMAC_Init_ex()）に渡すことで、ハッシュアルゴリズムを指定することもできます。

その場合、メッセージダイジェスト構造体の取得はEVP_get_digestbyname()関数にアルゴリズムを示す文字列を指定することで行います。表7.5に、EVP_get_digestbyname()関数に指定できるハッシュアルゴリズム文字列の例を示します。

表7.5　EVP_get_digestbyname()関数に指定できるハッシュアルゴリズム

ハッシュアルゴリズム	アルゴリズム文字列
MD5	"MD5"
BLAKE128	"BLAKE128"
BLAKE256	"BLAKE256"
SHA-1	"SHA1"
SHA-224	"SHA224"
SHA-256	"SHA256"
SHA-384	"SHA384"
SHA3-224	"SHA3_224"
SHA3-256	"SHA3_256"
SHA3-384	"SHA3_384"
SHA3-512	"SHA3_512"

入力データは、BUFF_SIZEで指定したサイズの入力データ用バッファーに繰り返し読み込まれ、その都度HMAC_Update()関数に渡し、メッセージ認証コードの計算を更新させます。

すべての入力データを与え終わったら、HMAC_Final()関数を呼び出して、メッセージ認証コードをバッファーに取り出します。メッセージ認証コードのサイズはハッシュアルゴリズムによって変わりますが、SHA1の場合は20バイト出力されます。

そして最後に、メッセージ認証コードを指定された出力ファイル（あるいは標準出力）に出力して終了します。

7.3.2　実行

本節のサンプルプログラムでは、ハッシュアルゴリズムとしてSHA-1を使用しています。

msg.txtに格納されたメッセージのハッシュ値（バイナリ値）をhmac.binに出力し、出力された値を16進ダンプします。鍵値はコマンドの-kオプションで指定します。ここではわかりやすい例として、文字列で与えた値をxxdコマンドで16進に変換したものを指定します。

```
$ ./hmac -k `echo -n "TLS1.3" |xxd -p` msg.txt hmac.bin
$ hexdump hmac.bin
0000000 fa b6 cf a5 49 a1 f7 c3 f4 99 ab fc 9f ae 33 cf
0000010 c9 d4 4b d9
0000014
```

同じファイルのHMAC値をopensslコマンド（dgstサブコマンド）で求め、同じ値であることを確認してみましょう。

```
$ more msg.txt | openssl dgst -sha1  -hmac "TLS1.3"
(stdin)= fab6cfa549a1f7c3f499abfc9fae33cfc9d44bd9
```

7.4 共通鍵暗号

OpenSSL／wolfSSLでは、共通鍵暗号の処理のために「EVP」で始まる一連の関数が用意されています。本節では、このEVP関数の一般規則とそれを使用した共通鍵暗号のプログラム例について解説します。

7.4.1 サンプルプログラム①：単純な共通鍵暗号処理

リスト7.4に、EVP関数を使用して共通鍵暗号処理を実現するサンプルプログラムを示します。定数CIPHERの定義を変更することで、各種の暗号アルゴリズムや利用モードを処理することができます（指定できる暗号スイートについては7.4.7項を参照）。

処理の始めに、EVP_CIPHER_CTX_new()関数により、処理コンテクストを確保します。次にEVP_CipherInit()関数により、初期設定関数で確保したコンテクストに対して鍵やIVなどのパラメーターを設定します。

暗号化／復号処理はEVP_CipherUpdate()関数によって行います。メモリ上の入力バッファーに対して処理が行われ、出力バッファーに出力されます。メモリサイズの制限が許す場合は入力データ全体を一括してEVP_CipherUpdate()関数に渡すこともできますが、制限がある場合は適当な大きさに区切ってEVP_CipherUpdate()関数を複数回呼び出すこともできます。またその際、ブロック型暗号のブロックサイズを気にすることなく、適当な処理サイズを指定可能です。そしてその後、EVP_CipherFinal()関数により、半端なデータに対するパディング処理を行います。

処理終了後、EVP_CIPHER_CTX_free()関数によりコンテクストを解放します。

リスト7.4　aes-cbc.c

```c
#include <stdio.h>
#include <string.h>
#include <openssl/ssl.h>
#include "../../common/main.h"

#define CIPHER EVP_aes_128_cbc()

#define BUFF_SIZE   256

int algo_main(int mode, FILE *infp, FILE *outfp,
              unsigned char *key, int key_sz,
              unsigned char *iv, int iv_sz,
              unsigned char *tag, int tag_sz)
{
    ～省略～

    /* コンテクスト確保 */
    if ((evp = EVP_CIPHER_CTX_new()) == NULL) {
        ～エラー処理～
    }

    /* アルゴリズム、鍵、IV、モードの設定 */
    if (EVP_CipherInit(evp, CIPHER, key, iv, mode) != SSL_SUCCESS) {
        ～エラー処理～
    }

    while(1) {
        /* 入力 */
        if((inl = fread(in, 1, BUFF_SIZE, infp)) <0) {
            ～エラー処理～
        }

        /* 暗号化／復号 */
        if (EVP_CipherUpdate(evp, out, &outl, in, inl) != SSL_SUCCESS) {
            ～エラー処理～
        }

        /* 出力 */
        fwrite(out, 1, outl, outfp);
        if (inl < BUFF_SIZE)
```

```
            break;
    }

    /* パディング処理 */
    if(EVP_CipherFinal(evp, out, &outl)  != SSL_SUCCESS) {
        ～エラー処理～
    }

    /* 出力 */
    fwrite(out, 1, outl, outfp);
    ret = SSL_SUCCESS;

cleanup:
    /* コンテクストの解放 */
    EVP_CIPHER_CTX_free(evp);
    return ret;
}
```

このプログラムは、コマンドライン引数のうち以下の内容を利用します。

- 入力ファイル：指定されたファイル名のファイルを入力データとして使用する
- 出力ファイル：指定されたファイル名のファイルに結果のデータを出力する。省略した場合、標準出力に出力する

また、以下のコマンドラインオプションを利用します。

- -e／-d：暗号化／復号の指定を受け取る。指定がない場合は暗号化処理を行う
- -k：次に続く引数で鍵値を16進数で指定する。鍵長は16バイト
- -i：次に続く引数でIV値を16進数で指定する。IV長は16バイト

7.4.2　実行①：単純な共通鍵暗号処理

msg.txtの内容をAES-128-CBCで暗号化してenc.binファイルに出力します。ここで、鍵およびIV値は例としてわかりやすいよう文字列で与えた値をxxdコマンドで16進に変換したものを指定します。

```
$ ./aescbc -i `echo -n "1234567812345678" |xxd -p` -k `echo -n "0123456701234567" |xxd -p` ➡
msg.txt enc.bin
```

次に、enc.binを入力としてdec.txtファイルに復号します。diffコマンドで内容が元に戻っていることを確認しましょう。

```
$ ./aescbc -i `echo -n "1234567812345678" |xxd -p` -k `echo -n "0123456701234567" |xxd -p` -d ➡
enc.bin dec.txt

$ diff msg.txt dec.txt
```

ここで鍵値を変えて復号すると、復号の最後にパディングが正常に復号できないためEVP_CipherFinal()関数の実行時にエラーとなります。また、出力内容も元のものとは異なります。

```
$ ./aescbc -i `echo -n "1234567812345678" |xxd -p` -k `echo -n "0123456701234568" |xxd -p` -d ➡
enc.bin dec2.txt
ERROR: EVP_CipherFinal

$ diff msg.txt dec2.txt
Binary files msg.txt and dec.txt differ

$ hexdump dec.txt
0000000 43 43 20 3d 20 67 63 63 0a 23 43 43 20 3d 20 63

～省略～

$ hexdump dec2.txt
0000000 47 b6 f8 d1 ff 67 d9 c1 79 00 21 d5 22 ae 6c 8f

～省略～
```

7.4.3　サンプルプログラム②：認証付き暗号（AEAD）

AES-GCMなど、認証付き暗号の場合は認証タグを取り扱う必要があります。リスト7.5で示すように、暗号化の際は、EVP_CipherFinal()関数を呼び出したあとに、復号の際に使用する認証タグを得ておきます。

　復号の際は、`EVP_CipherFinal()`関数を呼び出す前にそのタグを設定します。`EVP_CipherFinal()`関数の返値が成功（`SSL_SUCCESS`）であれば、認証タグの検証が成功したことが確認できます。

リスト7.5 aes-gcm.c

```c
#include <stdio.h>
#include <string.h>
#include <openssl/ssl.h>
#include "../../common/main.h"

#define CIPHER EVP_aes_128_gcm()

#define BUFF_SIZE    256

int algo_main(int mode, FILE *infp, FILE *outfp,
              unsigned char *key, int key_sz,
              unsigned char *iv,  int iv_sz,
              unsigned char *tagIn, int tag_sz)
{
    ~省略~

    /* コンテクスト確保 */
    if((evp = EVP_CIPHER_CTX_new()) == NULL) {
        ~エラー処理~
    }

    /* アルゴリズム、鍵、IV、モードの設定 */
    if (EVP_CipherInit(evp, CIPHER, key, iv, mode) != SSL_SUCCESS) {
        ~エラー処理~
    }

    while(1) {
        /* 入力 */
        if((inl = fread(in, 1, BUFF_SIZE, infp)) <0) {
            ~エラー処理~
        }

        /* 暗号化／復号 */
        if (EVP_CipherUpdate(evp, out, &outl, in, inl) != SSL_SUCCESS) {
            ~エラー処理~
        }
```

```
        /* 出力 */
        if(fwrite(out, 1, outl, outfp) != outl)
            ~エラー処理~

        if (inl < BUFF_SIZE)
            break;
    }

    /* 復号処理ならば認証用タグを設定 */
    if (mode == DEC)
        if (EVP_CIPHER_CTX_ctrl(evp, EVP_CTRL_AEAD_SET_TAG, tag_sz, tagIn) != SSL_SUCCESS) {
            ~エラー処理~
        }

    /* パディング処理 */
    if(EVP_CipherFinal(evp, out, &outl) != SSL_SUCCESS) {
        ~エラー処理~
    }

    /* 暗号処理ならばタグを得る */
    if (mode == ENC) {
        if(EVP_CIPHER_CTX_ctrl(evp, EVP_CTRL_AEAD_GET_TAG, tag_sz, tagOut) != SSL_SUCCESS) {
            ~エラー処理~
        }
        for (i = 0; i < tag_sz; i++)
            printf("%02x", tagOut[i]);
        putchar('\n');
    }

    if(fwrite(out, 1, outl, outfp) != outl)
        ~エラー処理~

    ret = SSL_SUCCESS;

cleanup:
    /* コンテクスト解放 */
    EVP_CIPHER_CTX_free(evp);
    return ret;
}
```

このプログラムは、コマンドライン引数のうち以下の内容を利用します。

- 入力ファイル：指定されたファイル名のファイルを入力データとして使用する
- 出力ファイル：指定されたファイル名のファイルに結果のデータを出力する。省略した場合、標準出力に出力する

また、以下のコマンドラインオプションを利用します。

- `-e`／`-d`：暗号化／復号を指定します。指定のない場合は暗号化処理を行う
- `-k`：次に続く引数で鍵値を16進数で指定する
- `-i`：次に続く引数でIV値を16進数で指定する
- `-t`：次に続く引数でタグ値を16進数で指定する

7.4.4 実行②：認証付き暗号（AEAD）

`msg.txt`の内容をAES-128-GCMで暗号化し、`enc.bin`ファイルに出力します。鍵およびIV値は、例としてわかりやすいように文字列で与えた値を`xxd`コマンドで16進に変換したものを指定します。以下のように暗号化のコマンドを実行すると、標準出力にタグ値が16進で出力されます。

```
$ ./aesgcm -i `echo -n "123456781234" |xxd -p` -k `echo -n "0123456701234567" |xxd -p` ➥
msg.txt enc.bin
d25e7835efaf7f8cae6be966535d36d5
```

次に、`enc.bin`ファイルを入力として`dec.txt`ファイルに復号します。`-t`オプションで暗号化時に得たタグ値を入力し、`diff`コマンドで内容が元に戻っていることを確認します。

```
$ ./aesgcm -i `echo -n "123456781234" |xxd -p` -k `echo -n "0123456701234567" |xxd -p` -t d25e7➥
835efaf7f8cae6be966535d36d5 -d enc.bin dec.txt

$ diff msg.txt dec.txt
```

最後に、鍵値を変更して、出力されるタグ値が変わることを確認します。

```
$ ./aesgcm -i `echo -n "123456781234" |xxd -p` -k `echo -n "0123456701234568" |xxd -p` ➥
msg.txt enc.bin
76dcb79109643631648765e4413a2d8c
```

7.4.5　EVP関数の命名規則

EVP関数では、共通鍵を暗号化に使うか、それとも復号に使うのかといった「処理の方向」の指定に応じて関数名が異なります。

- プログラミング時に決定している場合：関数名に「Encrypt」「Decrypt」という名称が含まれており、処理の方向を表す
- 実行時に動的に決める場合：関数名には「Cipher」が含まれており、EVP_CipherInit()関数による初期設定時に処理の方向を指定する

表7.6に、これらの共通鍵処理のための関数名をまとめます。

表7.6　EVP関数一覧

機能	暗号化	復号	動的指定
コンテクスト確保	EVP_CIPHER_CTX_new()	EVP_CIPHER_CTX_new()	EVP_CIPHER_CTX_new()
初期設定	EVP_EncryptInit()	EVP_DecryptInit()	EVP_CipherInit()
暗号化／復号	EVP_EncryptUpdate()	EVP_DecryptUpdate()	EVP_CipherUpdate()
終了処理	EVP_EncryptFinal()	EVP_DecryptFinal()	EVP_CipherFinal()
コンテクスト解放	EVP_CIPHER_CTX_free()	EVP_CIPHER_CTX_free()	EVP_CIPHER_CTX_free()

7.4.6　パディング処理

EVP関数では、ブロック型暗号のためのパディング処理を自動的に行います。その際のパディングスキームはPKCSであり、暗号化処理の場合、処理結果は入力データのサイズに比べ、ブロックサイズの整数倍にアラインされる分だけ大きくなる点に注意が必要です。また、入力データがブロックサイズの整数倍の場合にもパディング用に1ブロック分の出力データが付加されます。

一方、復号の際にはパディングの内容が解消され、復号された本来の出力データのみとなります。パディングを含んだ暗号化／復号処理の出力データサイズはEVP_*xxxx*_Final()関数の戻り値として返されます。

なお、パディングスキームには、PKCS #7に規定されるスキームが使用されます（3.4.4項参照）。

7.4.7　暗号アルゴリズム、利用モード

EVPでは、各種の暗号アルゴリズムや利用モードなど、処理パラメーターの設定をEVP_*xxxx*_Init()関数で行うことにより、処理を統一的に取り扱うことができます。表7.7に、EVP_*xxxx*_Init()関数で指定できる主な暗号スイートをまとめます。

表7.7　EVP_xxxx_Init()関数で指定できる主な暗号スイート

シンボル	アルゴリズム	ブロック長	鍵長	利用モード
EVP_aes_*xxx*_cbc	AES	128	「xxx」部分で指定：128／192／256	CBC
EVP_aes_*xxx*_cfb1	AES	128	「xxx」部分で指定：128／192／256	CFB1
EVP_aes_*xxx*_cfb8	AES	128	「xxx」部分で指定：128／192／256	CFB8
EVP_aes_*xxx*_cfb128	AES	128	「xxx」部分で指定：128／192／256	CFB128
EVP_aes_*xxx*_ofb	AES	128	「xxx」部分で指定：128／192／256	OFB
EVP_aes_*xxx*_xts	AES	128	「xxx」部分で指定：128／256	XTS
EVP_aes_*xxx*_gcm	AES	128	「xxx」部分で指定：128／192／256	GCM
EVP_aes_*xxx*_ecb	AES	128	「xxx」部分で指定：128／192／256	ECB
EVP_aes_*xxx*_ctr	AES	128	「xxx」部分で指定：128／192／256	CTR
EVP_des_cbc	DES	64	56	CBC
EVP_des_ecb	DES	64	56	ECB
EVP_des_ede3_cbc	DES-EDE3	64	168	CBC
EVP_des_ede3_ecb	DES-EDE3	64	168	ECB
EVP_idea_cbc	IDEA	64	128	CBC
EVP_rc4	RC4			

7.4.8　その他のEVP関数

表7.8に、共通鍵暗号の処理に関連する主なEVP関数をまとめます。

表7.8　共通鍵暗号の処理に関連する主なEVP関数

関数名	機能
EVP_CIPHER_CTX_iv_length()／EVP_CIPHER_iv_length()	IVサイズを取得
EVP_CIPHER_CTX_key_length()／EVP_CIPHER_key_length()	鍵サイズを取得
EVP_CIPHER_CTX_mode()／EVP_CIPHER_mode()	暗号化／復号のモードを取得
EVP_CIPHER_CTX_block_size()／EVP_CIPHER_block_size()	ブロックサイズを取得
EVP_CIPHER_CTX_flags()／EVP_CIPHER_flags()	フラグを取得
EVP_CIPHER_CTX_cipher()	アルゴリズムを取得
EVP_CIPHER_CTX_set_key_length()	鍵サイズを設定
EVP_CIPHER_CTX_set_iv()	IVサイズを設定
EVP_CIPHER_CTX_set_padding()	パディングを設定
EVP_CIPHER_CTX_set_flags()	フラグを設定
EVP_CIPHER_CTX_clear_flags()	フラグをクリア
EVP_CIPHER_CTX_reset()	コンテクストをリセット（後方互換性のために存在：EVP_CIPHER_CTX_FREE()により不要となった）
EVP_CIPHER_CTX_cleanup()	コンテクストをクリーンアップ（後方互換性のために存在：EVP_CIPHER_CTX_FREE()により不要となった）

7.5 公開鍵暗号①：RSA鍵ペア生成

　本節では、一対のRSA秘密鍵と公開鍵を生成するプログラムを実装します。RSA_generate_key()関数により、内部形式（RSA構造体）で鍵を生成します。これを、i2d_RSAPrivateKey()／i2d_RSAPublicKey()関数によってDER形式のプライベート鍵／公開鍵に変換し、それぞれのファイルに出力します。

7.5.1　サンプルプログラム

　本節のサンプルプログラムは、以下のコマンドライン引数を利用します。

- 第1引数：プライベート鍵のファイル名
- 第2引数：公開鍵のファイル名

　それでは実際にコードを見ていきましょう（リスト7.6）。このサンプルプログラムでは、コマンドライン引数で指定されたファイル名で、生成したプライベート鍵／公開鍵を出力します。

リスト7.6　genRsa.c

```
#include <stdio.h>
#include <string.h>
#include <openssl/ssl.h>
#include "../common/main.h"

#define RSA_SIZE 2048
#define RSA_E    3

int algo_main(int mode, FILE *fpPri, FILE *fpPub,
              unsigned char *key, int key_sz,
              unsigned char *iv,  int iv_sz,
              unsigned char *tag, int tag_sz)
{
    ～省略～

    /* 鍵ペアの生成 */
    rsa = RSA_generate_key(RSA_SIZE, RSA_E, NULL, NULL);
    if(rsa == NULL) {
```

```
        ～エラー処理～
    }

    /* DER形式の公開鍵／プライベート鍵に変換 */
    pri_sz = i2d_RSAPrivateKey(rsa, &pri);
    pub_sz = i2d_RSAPublicKey(rsa, &pub);
    if (pri == NULL || pub == NULL)
    {
        ～エラー処理～
    }

    /* 出力 */
    if (fwrite(pub, 1, pub_sz, fpPub) != pub_sz) {
        ～エラー処理～
    }

    if (fwrite(pri, 1, pri_sz, fpPri) != pri_sz) {
        ～エラー処理～
    }
    ret = SSL_SUCCESS;

cleanup:
    if(rsa!= NULL)free(rsa);
    if(pri!= NULL)free(pri);
    if(pub!= NULL)free(pub);
    if(fpPri != NULL)fclose(fpPri);
    if(fpPub != NULL)fclose(fpPub);
    return ret;
}
```

表7.9に、RSAの鍵生成処理に関連する主な関数をまとめます。

表7.9　RSA鍵生成に関するAPI関数

関数名	機能
RSA_generate_key()	RSA鍵ペアを生成
i2d_RSA_PrivateKey()	RSA秘密鍵データをDER形式で取得
i2d_RSA_PublicKey()	RSA公開鍵データをDER形式で取得

　リスト7.6のプログラムでは、**RSA_generate_key()**関数でRSA鍵ペアが生成され、鍵ペアへのポインターが返されます。生成する鍵のサイズは第1引数で指定します。

187

　得られた公開鍵とプライベート鍵をそれぞれ **i2d_RSAPrivateKey()** 関数と **i2d_RSAPublicKey()** に渡し、DER形式でバッファーに取り出します。取り出されたバッファーへのポインターが第2引数に返されます。

　最後に、**fwrite()** 関数により、ファイルに書き出します。

7.5.2　実行

　生成したいプライベート鍵（**pri.der**）、公開鍵（**pub.der**）のファイル名を指定してプログラムを実行します。

```
$ ./genrsa pri.key pub.key
```

　生成したプライベート鍵および公開鍵の内容を **openssl** コマンド（**rsa** サブコマンド）を使って確認します。

　まずはプライベート鍵の確認です。

```
$ openssl rsa -in pri.key -inform DER -text -noout
Private-Key: (2048 bit)
modulus:
    00:8c:32:87:e1:0f:51:e5:19:59:59:c7:a6:ff:8f:
    ～省略～
    ff:2a:a1:b4:65:61:01:9b:37:ce:51:bd:b9:0b:ba:
    46:77
publicExponent: 3 (0x3)
privateExponent:
    5d:77:05:40:b4:e1:43:66:3b:91:2f:c4:aa:5f:84:
    ～省略～
    76:f9:91:fc:ec:75:6c:93:3e:97:ea:1a:67:5f:3c:
    bb
prime1:
    00:c1:db:4c:73:80:e5:a3:5c:71:01:11:21:9f:c2:
    ～省略～
    8b:07:53:1d:74:8a:85:8b:73
prime2:
    00:b9:23:b9:bc:64:79:8d:83:7a:ec:44:0a:a5:65:
    ～省略～
    cf:e9:1a:c1:1c:e6:25:df:ed
exponent1:
```

```
    00:81:3c:dd:a2:55:ee:6c:e8:4b:56:0b:6b:bf:d6:
    ～省略～
    5c:af:8c:be:4d:b1:ae:5c:f7
exponent2:
    7b:6d:26:7d:98:51:09:02:51:f2:d8:07:18:ee:2e:
    ～省略～
    46:11:d6:13:44:19:3f:f3
coefficient:
    00:80:30:ba:36:30:56:f8:f2:54:48:4d:b5:c0:ac:
    ～省略～
    1d:f9:19:2b:d0:1d:cc:37:db
```

次は公開鍵の確認です。

```
$ openssl rsa -pubin -in pub.key -inform DER -text -noout
Public-Key: (2048 bit)
Modulus:
    00:8c:32:87:e1:0f:51:e5:19:59:59:c7:a6:ff:8f:
    ～省略～
    ff:2a:a1:b4:65:61:01:9b:37:ce:51:bd:b9:0b:ba:
    46:77
Exponent: 3 (0x3)
```

7.6 公開鍵暗号②：RSA暗号化、復号

本節では、RSAによる暗号化／復号プログラムの例を紹介します。

7.6.1 サンプルプログラム

本節で作成する暗号化／復号プログラムは、次のように、コマンドライン引数で鍵ファイルと対象メッセージファイルを指定します。

* 暗号化

```
$ ./rsaenc ../04.keyGen/pub.key enc.dat < msg.dat
```

- 第1引数：暗号化に使用する公開鍵
- 第2引数：暗号化されたメッセージ出力ファイル名

また、標準入力には暗号化対象メッセージを入力します。

* 復号

```
$ ./rsadec ../04.keyGen/pri.key dec.dat < enc.dat
```

- 第1引数：復号に使用するプライベート鍵
- 第2引数：復号されたメッセージ出力ファイル名

また、標準入力には、復号対象メッセージを入力します。

📖 暗号化

リスト7.7に algo_main() 関数の実装例を示します。

リスト7.7　rsaEnc.c

```c
#include <stdio.h>
#include <string.h>
#include <openssl/ssl.h>
#include "../common/main.h"

int algo_main(int mode, FILE *fpKey, FILE *fpEnc,
              unsigned char *key, int key_sz,
              unsigned char *iv, int iv_sz,
              unsigned char *tag, int tag_sz)
{
    ～省略～

    /* 暗号化対象メッセージ入力 */
    if ((msg_sz = fread(msg, 1, BUFF_SIZE, stdin)) < 0)
    {
        ～エラー処理～
```

```
}

/* 公開鍵入力 */
if((key_sz = fread(key_buff, 1, sizeof(key_buff), fpKey)) < 0) {
    ～エラー処理～
}

/* 公開鍵を内部形式に変換 */
if((pkey = d2i_PublicKey(EVP_PKEY_RSA, NULL, &p, key_sz)) == NULL) {
    ～エラー処理～
}

/* コンテクストの確保 */
if((ctx = EVP_PKEY_CTX_new(pkey, NULL)) == NULL) {
    ～エラー処理～
}

/* 初期化 */
if(EVP_PKEY_encrypt_init(ctx) != SSL_SUCCESS) {
    ～エラー処理～
}

/* パディングスキームの指定 */
if(EVP_PKEY_CTX_set_rsa_padding(ctx, RSA_PKCS1_OAEP_PADDING) != SSL_SUCCESS) {
    ～エラー処理～
}

/* メッセージサイズの妥当性確認 */
if(EVP_PKEY_encrypt(ctx, NULL, &enc_sz, msg, msg_sz) != SSL_SUCCESS) {
    ～エラー処理～
}
if (ENC_SIZE != enc_sz) {
    fprintf(stderr, "ERROR: Message size error\n");
    goto cleanup;
}

/* 暗号化 */
if(EVP_PKEY_encrypt(ctx, enc, &enc_sz,
        (const unsigned char *)msg, msg_sz)!= SSL_SUCCESS) {
    ～エラー処理～
}
```

暗号アルゴリズム

```
    /* 出力 */
    if(fwrite(enc, 1, enc_sz, fpEnc) != enc_sz) {
        ～エラー処理～
    }

cleanup:
    /* 解放 */
    if(ctx != NULL)EVP_PKEY_CTX_free(ctx);
    if(pkey != NULL)EVP_PKEY_free(pkey);

    return ret;
}
```

　fread()関数で暗号化対象メッセージと公開鍵ファイルを読み込み、d2i_PublicKey()関数でDER
形式の公開鍵を内部形式に変換します。

　続いて、EVP関数を使った処理に移ります。EVP_PKEY_CTX_new()関数で暗号化処理用コンテクス
トを確保し、EVP_PKEY_encrypt_init()関数で初期化を行います。さらにEVP_PKEY_CTX_set_
rsa_padding()関数でパディングスキームを指定したのちに、EVP_PKEY_encrypt()関数でRSA暗
号化を実行しています。

　このとき、EVP_PKEY_encrypt()関数の呼び出しを2回行っていることには注意しましょう。まず
1回目は第2引数（出力バッファー）にNULLを指定して、メッセージサイズの妥当性を確認しますが、
ここではまだ暗号化処理は行われません。次に、出力バッファーのポインターを指定して2回目の呼び
出しを行い、実際に暗号化処理が実行されます。

　そして最後に、fwrite()関数で結果をファイルに出力します。

🔲 復号

　復号処理の流れは、使用する鍵がプライベート鍵となる点、EVP関数として「encrypt」ではなく
「decrypt」を呼び出す点を除き、暗号化処理と同様です（リスト7.8）。

リスト7.8　rsaDec.c

```
#include <stdio.h>
#include <string.h>
#include <openssl/ssl.h>
#include "../common/main.h"

int algo_main(int mode, FILE *fpKey, FILE *fpDec,
              unsigned char *key, int key_sz,
```

```
                    unsigned char *iv, int iv_sz,
                    unsigned char *tag, int tag_sz)
{
    ～省略～

    /* 暗号化済みデータの入力 */
    if ((msg_sz = fread(msg, 1, BUFF_SIZE, stdin)) < 0) {
        ～エラー処理～
    }

    /* プライベート鍵入力 */
    if ((key_sz = fread(key_buff, 1, sizeof(key_buff), fpKey)) < 0) {
        ～エラー処理～
    }

    /* プライベート鍵を内部形式に変換 */
    if ((pkey = d2i_PrivateKey(EVP_PKEY_RSA, NULL, &p, key_sz)) == NULL) {
        ～エラー処理～
    }

    /* コンテクスト確保 */
    if ((ctx = EVP_PKEY_CTX_new(pkey, NULL)) == NULL) {
        ～エラー処理～
    }

    /* 初期化 */
    if (EVP_PKEY_decrypt_init(ctx) != SSL_SUCCESS) {
        ～エラー処理～
    }

    /* パディングスキームの指定 */
    if (EVP_PKEY_CTX_set_rsa_padding(ctx, RSA_PKCS1_OAEP_PADDING) != SSL_SUCCESS) {
        ～エラー処理～
    }

    /* 入力データサイズの妥当性確認 */
    if (EVP_PKEY_decrypt(ctx, NULL, &dec_sz, msg, msg_sz) != SSL_SUCCESS) {
        ～エラー処理～
    }
    if (DEC_SIZE != dec_sz) {
        ～エラー処理～
    }
```

暗号アルゴリズム

```
    /* 復号 */
    if (EVP_PKEY_decrypt(ctx, dec, &dec_sz,
            (const unsigned char *)msg, msg_sz) != SSL_SUCCESS) {
        ～エラー処理～
    }

    /* 出力 */
    if (fwrite(dec, 1, dec_sz, fpDec) != dec_sz) {
        ～エラー処理～
    }
    ret = SSL_SUCCESS;

cleanup:
    /* 解放 */
    if (ctx != NULL)
        EVP_PKEY_CTX_free(ctx);
    if (pkey != NULL)
        EVP_PKEY_free(pkey);

    return ret;
}
```

7.6.2　実行

　例として、まず暗号化するサンプルメッセージを msg.txt ファイルに格納しておきます。ここでは7.5節で生成した公開鍵を使って、これを enc.dat ファイルに暗号化します。

```
$ more msg.txt
12345678901234567890
$ ./rsaenc ../04.keyGen/pub.key enc.dat < msg.txt

$ hexdump enc.dat
0000000 5f 98 07 3c 88 2c 6a a7 be 86 89 1e 15 30 d8 82
0000010 37 0b 4e 11 e4 70 e6 41 99 6d c7 3b 6b 24 0d 65
0000020 00 8e ec b3 97 7b 7e e7 9f 1d 00 ca 7d e5 e4 13
～省略～
00000d0 a9 51 a3 c0 71 7f 5e ce 61 cc 54 c4 61 0f 2a 1f
00000e0 0e 9b 46 87 0f cb 07 63 85 03 ba 1b aa f8 f4 e8
00000f0 79 2e d4 3c 7b 4d e0 2e 5c f4 5a dd 68 c5 69 7f
0000100
```

次に、暗号化したデータ（enc.dat）をプライベート鍵を使ってdec.txtファイルに復号します。

```
$ ./rsadec ../04.keyGen/pri.key dec.txt < enc.dat

$ diff msg.txt dec.txt

$ more dec.txt
12345678901234567890
```

7.6.3　暗号化／復号に使用する主なAPI関数

表7.10に、暗号化／復号処理に関連する主なAPI関数をまとめます。

表7.10　暗号化／復号処理に関連する主なAPI関数

関数名	機能
d2i_PrivateKey()	DER形式データから暗号化鍵構造体を生成
EVP_PKEY_CTX_new()	暗号化／復号処理用のコンテクスト生成
EVP_PKEY_CTX_set_rsa_padding()	パディング方式の指定
EVP_PKEY_encrypt_init()	暗号化処理の初期化
EVP_PKEY_encrypt()	暗号化処理実行
EVP_PKEY_decrypt_init()	復号処理の初期化
EVP_PKEY_decrypt()	復号処理の実行
EVP_PKEY_CTX_free()	暗号化／復号処理用のコンテクスト解放
EVP_PKEY_free()	暗号化鍵構造体を解放

7.7　公開鍵暗号③：RSA署名／検証

7.7.1　サンプルプログラム①：署名

まずは、EVP関数を使用したRSA署名の実装例を示します（リスト7.9）。このプログラムでは、次のコマンドライン引数を利用します。

- 入力ファイル：DER形式の署名鍵ファイル
- 出力ファイル（省略可）：署名値を出力する。省略した場合、標準出力に出力する

また、標準入力には、署名対象メッセージを入力します。

リスト7.9　rsaSig.c

```c
#include <stdio.h>
#include <string.h>
#include <openssl/ssl.h>
#include "../common/main.h"

#define HASH EVP_sha256()

int algo_main(int mode, FILE *fpKey, FILE *fpSig,
                unsigned char *key, int key_sz,
                unsigned char *iv, int iv_sz,
                unsigned char *tag, int tag_sz)
{
    ～省略～

    /* 署名鍵の入力 */
    if((key_sz = fread(key_buff, 1, sizeof(key_buff), fpKey)) < 0) {
        ～エラー処理～
    }

    /* 内部形式に変換 */
    if((pkey = d2i_PrivateKey(EVP_PKEY_RSA, NULL, &key_p, key_sz)) == NULL) {
        ～エラー処理～
    }

    /* コンテクスト確保 */
    if((md = EVP_MD_CTX_new()) == NULL) {
        ～エラー処理～
    }

    /* 初期化 */
    if (EVP_DigestSignInit(md, NULL, HASH, NULL, pkey)
            != SSL_SUCCESS) {
        ～エラー処理～
    }
```

```
    while (1) {
        if((inl = fread(msg, 1, BUFF_SIZE, stdin)) < 0) {
            ～エラー処理～
        }
        /* メッセージを読み込み、ダイジェストを求める */
        EVP_DigestSignUpdate(md, msg, inl);
        if (inl < BUFF_SIZE)
            break;
    }


    /* 署名生成 */
    EVP_DigestSignFinal(md, sig, &sig_sz);

    /* 出力 */
    if(fwrite(sig, 1, sig_sz, fpSig) != sig_sz) {
        ～エラー処理～
    }
    ret = SSL_SUCCESS;

cleanup:
    /* 解放 */
    if(pkey != NULL)EVP_PKEY_free(pkey);
    if(md   != NULL) EVP_MD_CTX_free(md);


    return ret;
}
```

　処理の始めに、EVP_MD_CTX_new()関数により、処理コンテクストを確保します。次にEVP_Digest SignInit()関数により、初期設定関数で確保したコンテクストに対して、鍵やハッシュアルゴリズム種別などのパラメーターを設定します。

　続いて、EVP_DigestSignUpdate()関数によって対象メッセージのダイジェストを求めます。メモリサイズの制限が許す場合は対象メッセージ全体を一括してEVP_DigestSignUpdate()関数に渡すこともできますが、制限がある場合は適当な大きさに区切ってEVP_DigestSignUpdate()関数を複数回呼び出すこともできます。メッセージをすべて読み込んだら、EVP_DigestSignFinal()関数により、求めたダイジェスト値と署名鍵から署名値を求めます。

　終了後には、コンテクストなどを解放します。

7.7.2　サンプルプログラム②：検証

次は、EVP関数を利用したRSA署名の検証プログラムです（リスト7.10）。全体の流れとしては署名時と同様ですが、

- パラメーター設定にはEVP_DigestVerifyInit()関数を用いる
- 対象メッセージのダイジェストを求めるにはEVP_DigestVerifyUpdate()関数を用いる

点が異なります。

また、メッセージをすべて読み込んだら、EVP_DigestVerifyFinal()関数により署名値を検証し、最後に終了後管理ブロックを解放します。

このプログラムでは、次のコマンドライン引数を利用します。

- 入力ファイル1：DER形式の検証鍵ファイル
- 入力ファイル2：署名値が格納されたファイル

また、標準入力には、署名対象メッセージを入力します。

リスト7.10　rsaVer.c

```c
#include <stdio.h>
#include <string.h>
#include <openssl/ssl.h>
#include "../common/main.h"

#define HASH EVP_sha256()

int algo_main(int mode, FILE *fpPub, FILE *fpSig,
              unsigned char *key, int key_sz,
              unsigned char *iv, int iv_sz,
              unsigned char *tag, int tag_sz)
{
    ～省略～

    /* 検証鍵と署名の入力 */
    if((key_sz = fread(pubkey, 1, KEY_BUFF, fpPub)) < 0) {
        ～エラー処理～
    }
```

```
    if((sig_sz = fread(sig, 1, SIG_SIZE, fpSig)) < 0) {
        ～エラー処理～
    }

    /* 内部形式に変換 */
    if((pkey = d2i_PublicKey(EVP_PKEY_RSA, NULL, &p, key_sz)) == NULL) {
        ～エラー処理～
    }

    /* コンテクスト確保の確保 */
    if((md = EVP_MD_CTX_new()) == NULL) {
        ～エラー処理～
    }

    /* 初期化 */
    if (EVP_DigestVerifyInit(md, NULL, HASH, NULL, pkey) != SSL_SUCCESS) {
        ～エラー処理～
    }

    while (1) {
        /* メッセージ入力 */
        if((inl = fread(msg, 1, BUFF_SIZE, stdin)) < 0) {
            ～エラー処理～
        }

        /* ダイジェストを求める */
        EVP_DigestVerifyUpdate(md, msg, inl);
        if (inl < BUFF_SIZE)
            break;
    }

    /* 署名の検証 */
    if(EVP_DigestVerifyFinal(md, sig, sig_sz) == SSL_SUCCESS) {
        printf("Signature Verified\n");
        ret = SSL_SUCCESS;
    } else
        printf("Invalid Signature\n");

cleanup:
    /* 解放 */
    if(pkey != NULL)EVP_PKEY_free(pkey);
```

```
    if(md    != NULL)EVP_MD_CTX_free(md);
    return ret;
}
```

7.7.3　実行

事前に、サンプルメッセージをmsg.txtファイルとして用意しておきます。

まず、7.5節で生成したプライベート鍵を署名鍵としてサンプルデータの署名を生成し、sig.derファイルとして出力します。

```
$ ./rsasig ../04.keyGen/pri.key sig.der < msg.txt
```

その署名とサンプルメッセージを入力として署名を検証し、正しく検証されることを確認します。

```
$ ./rsaver ../04.keyGen/pub.key sig.der < msg.txt
Signature Verified
```

次に、サンプルメッセージに若干の変更を加えたメッセージ（msg2.txtファイル）を作成し、これを使って改竄されたメッセージで不正な署名として検出されることを確認します。

```
$ ./rsaver ../04.keyGen/pub.key sig.der < msg2.txt
Invalid Signature
```

7.7.4　署名／検証に使用する主なAPI関数

表7.11に、署名／検証処理に関連する主なAPI関数をまとめます。

表7.11　署名／検証処理に関連する主なAPI関数

関数名	機能
d2i_PrivateKey()	DER形式データから署名／検証鍵構造体を生成
EVP_MD_CTX_new()	署名処理用のコンテクスト生成
EVP_DigestSignInit()	署名処理の初期化
EVP_DigestSignUpdate()	署名データ更新
EVP_DigestSignFinal()	署名処理ファイナライズ

関数名	機能
EVP_DigestVerifyInit()	署名検証処理の初期化
EVP_DigestVerifyUpdate()	署名検証データ更新
EVP_DigestVerifyFinal()	署名検証のファイナライズ
EVP_PKEY_free()	署名／検証鍵構造体を解放
EVP_MD_CTX_free()	メッセージダイジェスト構造体を解放

7.8 CSR（証明書署名要求）

本節以降では、CSR（証明書署名要求）を行うサンプルプログラムを作成します。

まず、あらかじめ準備した公開鍵／プライベート鍵を指定して読み込みます。次にX509_REQオブジェクトを生成し、そこに公開鍵や主体者名などの情報を追加します。そして最後にプライベート鍵で署名し、DER形式で出力します。

7.8.1 サンプルプログラム

リスト7.11に、公開鍵とプライベート鍵からCSRを作成し、出力するサンプルプログラムを示します。

リスト7.11　csr.c

```
#include <stdio.h>
#include <string.h>
#include <openssl/ssl.h>
#include "../common/main.h"

#define HASH EVP_sha256()

int algo_main(int mode, FILE *fpKey, FILE *fpSig,
              unsigned char *key, int key_sz,
              unsigned char *iv, int iv_sz,
              unsigned char *tag, int tag_sz)
{
    ～省略～

    /* プライベート鍵の入力 */
    if ((key_sz = fread(key_buff, 1, sizeof(key_buff), fpKey)) < 0) {
```

```
        ～エラー処理～
    }

    /* 内部形式に変換 */
    if ((pkey = d2i_PrivateKey(EVP_PKEY_EC, NULL, &key_p, key_sz)) == NULL) {
        ～エラー処理～
    }

    /* コンテクスト確保 */
    if ((md = EVP_MD_CTX_new()) == NULL) {
        ～エラー処理～
    }

    /* 初期化 */
    if (EVP_DigestSignInit(md, NULL, HASH, NULL, pkey) != SSL_SUCCESS) {
        ～エラー処理～
    }


    while (1) {
        /* メッセージ入力 */
        if ((inl = fread(msg, 1, BUFF_SIZE, stdin)) < 0) {
            ～エラー処理～
        }
        if (inl < BUFF_SIZE)
            break;

        /* 署名データ更新 */
        EVP_DigestSignUpdate(md, msg, inl);
    }

    /* 署名作成 */
    EVP_DigestSignFinal(md, sig, &sig_sz);

    /* 出力 */
    if (fwrite(sig, 1, sig_sz, fpSig) != sig_sz)
    {
        ～エラー処理～
    }
    ret = SSL_SUCCESS;

cleanup:
```

```
    /* 解放 */
    if (pkey != NULL)
        EVP_PKEY_free(pkey);
    if (md != NULL)
        EVP_MD_CTX_free(md);

    return ret;
}
```

このプログラムでは、以下のコマンドライン引数を利用します。

- 第1引数：DER形式の公開鍵
- 第2引数：DER形式のプライベート鍵

また、実行すると標準出力にDER形式でCSRを出力します。

7.8.2　実行

　あらかじめ準備した公開鍵／プライベート鍵を指定して読み込み、次に X509_REQ オブジェクトを生成し、そこに公開鍵、主体者名などの情報を追加します。最後にプライベート鍵で署名し、DER形式で出力します。

　ここでは、7.5節で生成した公開鍵とプライベート鍵を指定してCSRを生成します。

```
$ ./csr ../04.keyGen/pub.key ../04.keyGen/pri.key > csr.der
$ openssl req -in csr.der -inform DER  -text
$ openssl req -in csr.der -inform DER  -text
Certificate Request:
    Data:
        Version: 0 (0x0)
        Subject: CN=wolfssl.com/emailAddress=support@wolfssl.com
        Subject Public Key Info:
            Public Key Algorithm: rsaEncryption
                Public-Key: (2048 bit)
                Modulus:
                    00:d4:79:61:b2:d6:3e:d8:57:25:72:0f:5c:de:95:

                    31:fb:df:94:a2:3e:9e:fa:9c:95:20:4a:43:6e:2b:
                    94:f3
```

暗号アルゴリズム

```
              Exponent: 3 (0x3)
        Attributes:
            a0:00
    Signature Algorithm: sha256WithRSAEncryption
         d3:91:36:ef:53:8b:73:41:2c:7b:f9:be:e0:94:6b:a0:6b:56:
         ...
         93:19:c9:64:95:7d:6d:a7:11:8e:39:fc:1d:0f:2a:a9:a2:00:
         e3:d9:ed:f6
-----BEGIN CERTIFICATE REQUEST-----
MIICfTCCAWUCAQAwOjEUMBIGA1UEAwwLd29sZnNzbC5jb20xIjAgBgkqhkiG9w0B
...
8ULHC63pIm+mq1oOTtECAcODBMWS48V7J2IADcaKGjSCA3gON90+s4uFk5MZyWSV
fW2nEY45/B0PKqmiAOPZ7fY=
-----END CERTIFICATE REQUEST-----
```

7.8.3　CSRに使用する主なAPI関数

　表7.12に、次節以降で使うものも含め、証明書署名要求処理に関連する主なAPI関数をまとめます。

表7.12　証明書署名要求処理に関連する主なAPI関数

関数名	機能
X509_NAME_new()	証明書用名前オブジェクトの確保
X509_NAME_add_entry_by_txt()	名前オブジェクトにエントリを追加
d2i_PrivateKey()	DER形式データから鍵構造体を生成
d2i_PUBKEY()	公開鍵を抽出
X509_REQ_new()	証明書署名要求オブジェクト生成
X509_REQ_set_subject_name()	証明書署名要求オブジェクトにサブジェクト名追加
X509_REQ_set_pubkey()	証明書署名要求オブジェクトに公開鍵をセット
X509_REQ_sign()	証明書署名要求に対して署名
i2d_X509_REQ()	証明書署名要求をDER形式に変換
EVP_MD_CTX_new()	メッセージダイジェスト用コンテクストの生成
EVP_DigestSignInit()	メッセージダイジェストの初期化
X509_REQ_sign_ctx()	メッセージダイジェスト用コンテクストを使って証明書署名要求に署名
X509_REQ_free()	証明書署名要求オブジェクトの解放
EVP_PKEY_free()	暗号化鍵構造体を解放
EVP_MD_CTX_free()	メッセージダイジェスト構造体を解放

7.9 自己署名証明書の作成

本節では、自己署名証明書を作成するプログラムを紹介します。

このプログラムはまず、あらかじめ準備してある公開鍵とプライベート鍵を指定し、読み込みます。次に、X509オブジェクトを生成し、そこに公開鍵、乱数生成したシリアル番号、主体者名、署名者名などの情報を追加します。最後にプライベート鍵で署名し、PEM形式で出力します。

7.9.1 サンプルプログラム

リスト7.12に、自己署名証明書を作成するサンプルプログラムを示します。

このプログラムは、次のコマンドライン引数を利用します。

- 第1引数：DER形式の公開鍵
- 第2引数：DER形式のプライベート鍵

また、実行すると標準出力にPEM形式の自己署名証明書を出力します。

リスト7.12　selfSig.c

```c
#include "example_common.h"

int algo_main(int mode, FILE *fpPub, FILE *fpPri,
              unsigned char *key, int key_sz,
              unsigned char *iv, int iv_sz,
              unsigned char *tag, int tag_sz)
{
    ～省略～

    /* 公開鍵の入力 */
    if ((sz = fread(buff, 1, sizeof(buff), fpPub)) < 0) {
        ～エラー処理～
    }
    key_p = buff;

    /* 内部形式に変換 */
    if ((pub = d2i_PublicKey(EVP_PKEY_RSA, NULL, &key_p, sz)) == NULL) {
        ～エラー処理～
```

```
}

/* プライベート鍵の入力 */
if ((sz = fread(buff, 1, sizeof(buff), fpPri)) < 0) {
    ～エラー処理～
}
key_p = buff;

/* 内部形式に変換 */
if ((pri = d2i_PrivateKey(EVP_PKEY_RSA, NULL, &key_p, sz)) == NULL) {
    ～エラー処理～
}

/* 証明書テンプレートの作成 */
if((x509 = X509_new()) == NULL){
    ～エラー処理～
}

/* 公開鍵をセット */
if(X509_set_pubkey(x509, pub) != SSL_SUCCESS){
    ～エラー処理～
}

/* シリアル番号用の整数オブジェクトを取得 */
if((serial_number = BN_new()) == NULL) {
    ～エラー処理～
}

/* 疑似乱数を取得 */
if(BN_pseudo_rand(serial_number, 64, 0, 0) != SSL_SUCCESS) {
    ～エラー処理～
}

/* X509中のシリアル番号へのポインターを取得 */
if((asn1_serial_number = X509_get_serialNumber(x509)) == NULL) {
    ～エラー処理～
}

/* シリアル番号を設定 */
BN_to_ASN1_INTEGER(serial_number, asn1_serial_number);

/* バージョンを3に指定 */
```

```c
    if (X509_set_version(x509, 2L) != SSL_SUCCESS) {
        ～エラー処理～
    }

    /* X509用名前オブジェクトを取得 */
    if((name = X509_NAME_new()) == NULL) {
        ～エラー処理～
    }

    /* 名前オブジェクトにCNを設定 */
    if(X509_NAME_add_entry_by_NID(name, NID_commonName, MBSTRING_UTF8,
        (unsigned char*)"www.wolfssl.com", -1, -1, 0) != SSL_SUCCESS) {
        ～エラー処理～
    }

    /* 主体者名を設定 */
    if(X509_set_subject_name(x509, name) != SSL_SUCCESS) {
        ～エラー処理～
    }

    /* 署名者名を追加 */
    if(X509_set_issuer_name(x509, name) != SSL_SUCCESS) {
        ～エラー処理～
    }

    not_before = (long)time(NULL);
    not_after = not_before + (365 * 24 * 60 * 60);
    X509_time_adj(X509_get_notBefore(x509), not_before, &epoch_off);
    X509_time_adj(X509_get_notAfter(x509), not_after, &epoch_off);

    /* テンプレートに署名 */
    X509_sign(x509, pri, EVP_sha256());

    /* PEM形式で出力 */
    if((sz = PEM_write_X509(stdout, x509)) == 0) {
        ～エラー処理～
    }

cleanup:
    /* 解放 */
    X509_free(x509);
    BN_free(serial_number);
```

```
    X509_NAME_free(name);
    return 0;
}
```

7.9.2　実行

7.5.1項で生成した公開鍵とプライベート鍵を指定して、自己署名証明書を生成します。

```
$ ./selfsig ../04.keyGen/pub.key ../04.keyGen/pri.key > selfsig.pem
$ openssl x509 -in selfsig.pem  -text
Certificate:
    Data:
        Version: 3 (0x2)
        Serial Number:
            45:82:ac:e9:e0:ff:a2:77:16:1c:a6:86:7b:e9:fd:8c
        Signature Algorithm: sha256WithRSAEncryption
        Issuer: CN=www.wolfssl.com
        Validity
            Not Before: Dec 27 05:08:59 2021 GMT
            Not After : Dec 27 05:08:59 2022 GMT
        Subject: CN=www.wolfssl.com
        Subject Public Key Info:
            Public Key Algorithm: rsaEncryption
                Public-Key: (2048 bit)
                Modulus:
                    00:8c:32:87:e1:0f:51:e5:19:59:59:c7:a6:ff:8f:
                    ...
                    ff:2a:a1:b4:65:61:01:9b:37:ce:51:bd:b9:0b:ba:
                    46:77
                Exponent: 3 (0x3)
        Signature Algorithm: sha256WithRSAEncryption
            16:b9:1f:5c:2b:f9:87:75:53:7d:1b:de:82:39:c8:bc:9e:1f:
            〜省略〜
            ec:a9:67:eb:52:3e:8c:da:a7:80:97:20:a6:26:75:9f:36:36:
            cd:23:aa:2d
-----BEGIN CERTIFICATE-----
MIICujCCAaKgAwIBAgIQRYKs6eD/oncWHKaGe+n9jDANBgkqhkiG9w0BAQsFADAa
〜省略〜
e1Q1ozrvchWsCQhWGMH7Rx6/RF/yecwLlEHt08FZDbthEKK4dXtLCt6UGUzlHws4
NlRHDVBU0jjsqWfrUj6M2qeAlyCmJnWfNjbNI6ot
-----END CERTIFICATE-----
```

7.9.3 自己署名証明書作成に使用する主なAPI関数

表7.13に、自己署名証明書作成に関連する主なAPI関数をまとめます。

表7.13 自己署名証明書作成に関連する主なAPI関数

関数名	機能
X509_new()	証明書用名前オブジェクトの確保
X509_free()	証明書用名前オブジェクトの解放
X509_set_pubkey()	X.509オブジェクトに公開鍵を登録
X509_set_version()	X.509バージョンを設定
X509_NAME_new()	X.509名前オブジェクトの確保
X509_NAME_add_entry_by_NID()	NID指定で名前エントリを追加
X509_set_subject_name()	X.509主体者名を設定
X509_set_issuer_name()	X.509で署名者名を設定
X509_get_notBefore()	X.509のnotBeforeを取得
X509_get_notAfter()	X.509のnotAfterを取得
X509_time_adj()	ASN.1時間にオフセットを加える
X509_sign()	X.509証明書に署名
PEM_write_X509()	X.509をPEM形式でファイル出力
BN_new()	整数オブジェクト確保
BN_pseudo_rand()	疑似乱数生成
BN_to_ASN1_INTEGER()	整数オブジェクトからASN.1 INTEGER型変換
X509_get_serialNumber()	X.509証明書のシリアル番号取得

7.10 証明書の検証

本節では、X.509証明書の署名をCA証明書で検証するサンプルプログラムを作成します。署名検証対象の証明書と信頼するCA証明書を読み込み、CA証明書の公開鍵を取り出してから、対象の証明書を検証して結果を表示します。

7.10.1 サンプルプログラム

リスト7.13に、サンプルプログラムの内容を示します。

このプログラムは、次のコマンドライン引数を利用します。

- 第1引数：信頼するCA証明書
- 第2引数：検証対象の証明書

また、実行すると標準出力に以下の内容を出力します。

- 正当な証明書の場合：「Verified」
- 不正な証明書の場合：「Failed」

リスト7.13　verCert.c

```c
#include "example_common.h"

int algo_main(int mode, FILE *fpSv, FILE *fpCA,
                unsigned char *key, int key_sz,
                unsigned char *iv, int iv_sz,
                unsigned char *tag, int tag_sz)
{
    ～省略～

    /* 証明書の入力 */
    if ((certSv = PEM_read_X509(fpSv, 0, 0, 0)) == NULL) {
        ～エラー処理～
    }
    if((certCA = PEM_read_X509(fpCA, 0, 0, 0 )) == NULL) {
        ～エラー処理～
    }

    /* 公開鍵の取得 */
    if((pkey = X509_get_pubkey(certCA)) == NULL) {
        ～エラー処理～
    }

    /* 証明書検証 */
    if(X509_verify(certSv,pkey) == SSL_SUCCESS) {
        printf("Verified\n");
    } else {
        printf("Failed\n");
    }
```

```
cleanup:
    /* 解放 */
    X509_free(certSv);
    X509_free(certCA);
    EVP_PKEY_free(pkey);
    return 0;

}
```

7.10.2 実行

まずは、クライアント／サーバーのサンプルプログラムで使用したCA証明書でサーバー証明書を検証してみます。

```
$ ./verifyCert ../../certs/tb-server-cert.pem ../../certs/tb-ca-cert.pem
Verified
```

次に、サーバー証明書をローカルディレクトリにコピーして一部修正してみます。

```
$ cp ../../certs/tb-server-cert.pem ./tb-server-cert2.pem
```

tb-server-cert2.pemファイルを修正したのち、両方の証明書のテキストイメージを再生成し差分があることを確認します。

```
$ openssl x509 -in  ../../certs/tb-server-cert.pem -text > ./tb-server-cert.txt

$ openssl x509 -in  ./tb-server-cert2.pem -text > ./tb-server-cert2.txt

$ diff ./tb-server-cert.txt ./tb-server-cert2.txt
45c45
<           74:62:d8:6d:21:11:eb:0c:82:50:22:a0:c3:88:52:7c:b3:c4:
---
>           74:62:d8:6d:21:11:eb:0c:82:50:22:a4:c3:88:52:7c:b3:c4:
69c69
< oMOIUnyzxOk4dRH+SkcmN8pW17Wp2WbS45BiHjVtgrAALMTv2dJpk8mQUjYQTTyF
---
> pMOIUnyzxOk4dRH+SkcmN8pW17Wp2WbS45BiHjVtgrAALMTv2dJpk8mQUjYQTTyF
```

修正したサーバー証明書を検証します。

```
$ ./verifycert ../../certs/tb-ca-cert.pem  ./tb-server-cert2.pem
Failed
```

7.10.3　証明書検証に使用する主なAPI関数

表7.14に、証明書の検証に関連する主なAPI関数をまとめます。

表7.14　証明書の検証に関する主なAPI関数

関数名	機能
PEM_read_X509()	X.509証明書をPEM形式で読み込み
X509_get_pubkey()	X.509証明書の公開鍵を取得
X509_verify()	X.509証明書の署名を検証

7.11　証明書項目の取り出し

本節では、X.509証明書の項目を取り出す例として、「Common Name」を表示するサンプルプログラムを作成します。

7.11.1　サンプルプログラム

リスト7.14に、サンプルプログラムの内容を示します。
このプログラムは、次のコマンドライン引数を利用します。

• 第1引数：サンプル証明書

また、実行すると標準出力に取り出した文字列を出力します。

リスト7.14　getItem.c

```c
#include <stdio.h>
#include <string.h>
#include <openssl/ssl.h>

int main(int argc, char **argv)
{
    ～省略～

    /* 証明書の読み込み */
    if((x509 = X509_load_certificate_file(argv[1], WOLFSSL_FILETYPE_PEM)) == NULL) {
        ～エラー処理～
    }

    /* 主体者名のための名前オブジェクトを取得 */
    if((name = X509_get_subject_name(x509)) == NULL) {
        ～エラー処理～
    }

    /* 名前のインデックスを取得 */
    if((idx = X509_NAME_get_index_by_NID(name, NID_commonName, -1)) == -1) {
        ～エラー処理～
    }

    /* 名前エントリを取得 */
    if((ne = X509_NAME_get_entry(name, idx)) == NULL) {
        ～エラー処理～
    }

    /* 名前エントリのデータを取得 */
    if((asn = X509_NAME_ENTRY_get_data(ne)) == NULL) {
        ～エラー処理～
    }

    /* ASN.1文字列を取得 */
    if((subCN = (char*)ASN1_STRING_data(asn)) == NULL) {
        ～エラー処理～
    }

    printf("CN: %s\n", subCN);
```

暗号アルゴリズム

```
cleanup:
    /* 解放 */
    X509_free(x509);


}
```

7.11.2　実行

クライアント／サーバーのサンプルプログラムで使用したCA証明書を指定して、内容を表示します。

```
$ ./getitem ../../certs/tb-ca-cert.pem
CN: www.wolfssl.com
```

7.11.3　証明書項目取り出しに使用する主なAPI関数

表7.15に、本節で使用しているX.509証明書関連のAPI関数をまとめます。

表7.15　X.509証明書関連のAPI関数

関数名	機能
X509_load_certificate_file()	X.509証明書をロード
X509_get_subject_name()	主体者名を取得
X509_NAME_get_index_by_NID()	X.509の名前項目のインデックス値をNIDで取得
X509_NAME_get_entry()	X.509の名前エントリを取得
X509_NAME_ENTRY_get_data()	X.509名前エントリのデータを取得
ASN1_STRING_data()	ASN1文字列を取得

また、X.509証明書の項目を指定して項目へのポインターを取得することもできます。表7.16に主なAPI関数をまとめます。

表7.16　項目へのポインターを取得するAPI関数

関数名	項目名
X509_get_serialNumber()	X.509オブジェクトからSerial Numberへのポインター取得
X509_get_subject_name()	X.509オブジェクトから主体者名へのポインター取得
X509_get_issuer_name()	X.509オブジェクトから署名者名へのポインター取得
X509_get_notAfter()	X.509オブジェクトからnotAfterへのポインター取得
X509_get_notBefore()	X.509オブジェクトからnotBeforeへのポインター取得
X509_get_pubkey()	X.509オブジェクトから公開鍵へのポインター取得
X509_get_version()	X.509オブジェクトからバージョンへのポインター取得

8

その他の
プログラミング

　wolfSSLでは、さまざまな実装状況に応じたプログラム構造や環境下のアプリケーションでライブラリを使用できるように配慮がなされています。本章ではそうした観点から、wolfSSL固有のAPIを使用したサンプルプログラムを紹介します（表8.1）。

表8.1　本章で実装するサンプル

ディレクトリ名	説明
01.iocallback	ネットワークIOコールバック
02.nofilesys	ファイルシステムなし
03.eventloop	イベントループによるクライアント

▓ 独自ネットワークメッセージング

　wolfSSLのデフォルトでは、トランスポート層APIとしてBSDソケットを想定しています。各種のAPIをオプションとして選択することもできますが、その他、独自のAPIのプラットフォームを使用したい場合にも対応できるようにユーザー独自のネットワークコールバックを登録することができます。8.1節では利用例として、ファイル経由の簡単なプロセス間通信のAPIを例として紹介します。

▓ ファイルシステムのないプラットフォーム

　小型の組み込みシステムではファイルシステムを持たないケースも多々あります。wolfSSLでは、TLS接続時のピア認証のための証明書や鍵などのファイルをメモリバッファー上に置いて利用できるよう配慮されています。8.2節では、そのためのAPIの利用例を紹介します。

▓ イベントループ

　多くのRTOSを使用しないシステムでは、プログラム全体を1つの大きなイベントループ（スーパーループ）として記述します。8.3節では、そのような場合のライブラリの使用方法について紹介します。

8.1　独自ネットワークメッセージング

8.1.1　機能概要

　本節では、メッセージ通信層に独自APIを利用する例として「ファイルによる通信によるTLSクライアント／サーバー」のサンプルプログラムを紹介します。なお本節のプログラムは6.2節で作成したクラ

イアント／サーバーをもとに、ファイル通信のための修正を加えたものです。

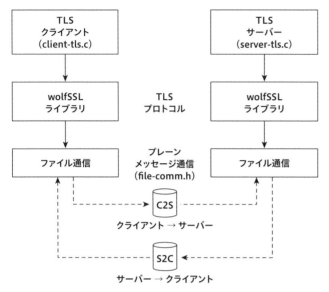

図8.1 wolfSSLライブラリの構成

図8.1に示すように、wolfSSLライブラリはTLS通信を実現するためのプレーンなメッセージ通信として簡単なファイル通信を利用します。ファイル通信のためのプログラムは**file-comm.h**で定義しており、TLSクライアントおよびサーバーのヘッダーファイルとしてインクルードします。そして、それぞれのプログラム内でファイル通信のためのメッセージ送信／受信関数をライブラリに登録します。

以下に、クライアントのサンプルコードを示します。

8.1.2 ファイル通信の実装例

それでは、ファイル通信の実装例を見てみましょう（リスト8.1）。

リスト8.1　file-comm.h

```
/* 通信チャンネルとして使うファイル名を定義 */
#define C2S "c2s.com"
#define S2C "s2c.com"

/* 通信に使うファイルのディスクリプター */
static int fsend;
static int frecv;
```

```c
/* メッセージ受信 */
static int fileCbIORecv(WOLFSSL *ssl, char *buf, int sz, void *ctx)
{
    (void)ssl;
    int frecv = *(int *)ctx;
    int ret = 0;

    printf("fileCbIORecv: frecv=%d, sz=%d\n", frecv, sz);
    while (ret <= 0) {
        ret = (int)read(frecv, buf, (size_t)sz);
    }
    return ret;
}

/* メッセージ送信 */
static int fileCbIOSend(WOLFSSL *ssl, char *buf, int sz, void *ctx)
{
    (void)ssl;
    int fsend = *(int *)ctx;

    printf("fileCbIOSend: fsend=%d, sz=%d\n", fsend, sz);
    return (int)write(fsend, buf, (size_t)sz);
}
```

■ メッセージ送受信コールバック関数

　ファイルを使用したプロセス間通信は、送受信用のコールバック関数が用いられます。そこで、先のサンプルではメッセージ受信関数fileCbIORecv()と送信関数fileCbIOSend()を定義しています。

　メッセージ送受信関数の関数プロトタイプは、次のような4引数を持ちます。

```c
typedef int (*CallbackIORecv)(WOLFSSL *ssl, char *buf, int sz, void *ctx);
typedef int (*CallbackIOSend)(WOLFSSL *ssl, char *buf, int sz, void *ctx);
```

　そのうち、第4引数（メッセージ通信チャンネルコンテクスト、後述）以外は以下のような意味を持ちます。

- ssl：SSL接続ディスクリプター
- buf：送受信メッセージバッファー

- sz：送受信メッセージのサイズ

また送受信関数は、ステータスに応じて以下の値を返すように実装します。

- 正常終了の場合：送信または受信完了したメッセージのサイズ
- 異常終了の場合：以下のエラーコード
  - WOLFSSL_CBIO_ERR_TIMEOUT：タイムアウト
  - WOLFSSL_CBIO_ERR_CONN_RST：接続リセット
  - WOLFSSL_CBIO_ERR_ISR：割り込み
  - WOLFSSL_CBIO_ERR_CONN_CLOSE：接続クローズ
  - WOLFSSL_CBIO_ERR_GENERAL：その他のエラー

特に、メッセージ通信がノンブロッキングで動作する場合、1バイト以上送受信できたならメッセージ送信／受信を完了したバイト数を返します。なお、送信／受信できたバイト数が0の場合は、WOLFSSL_CBIO_ERR_WANT_READ／WOLFSSL_CBIO_ERR_WANT_WRITEを返し、異常終了の場合はエラーコードを返します。

　次回のコールバック呼び出し時には、送信の場合「残りの送信すべきメッセージとそのバイト数」が、受信の場合「残りの受信すべきバイト数」が引数に指定され、コールバックが呼び出されます。

通信チャンネル

　通信チャンネルとして、「クライアントからサーバーへ」と「サーバーからクライアントへ」という2つのファイルを使用します。これらも先ほどのプログラムで、それぞれマクロ名C2S／S2Cとして定義しています。

　これらのファイルはアプリケーション側でSSL接続前にO_NOCTTYモードでオープンしてディスクリプターを得ておき、SSL接続コンテクストの登録APIでライブラリに登録します。

アプリケーション側の実装例

　アプリケーションの実装例として、クライアントのプログラムを見てみましょう（リスト8.2）。中ほどで通信チャンネルをオープンし、登録していることがわかります。

リスト8.2　client-tls.c

```c
int main(void)
{
    /* SSL コンテクストを確保 */
    if ((ctx = SSL_CTX_new(SSLv23_client_method())) == NULL) {

        ～エラー処理～

    }

    /* コールバックを登録 */
    wolfSSL_SetIORecv(ctx, fileCbIORecv);
    wolfSSL_SetIOSend(ctx, fileCbIOSend);

    /* SSL オブジェクトを生成 */
    if ((ssl = SSL_new(ctx)) == NULL) {
        fprintf(stderr, "ERROR: failed to create an SSL object\n");
        goto cleanup;
    }

    /* 通信チャンネルをオープン */
    fsend = open(C2S, O_WRONLY | O_NOCTTY);
    frecv = open(S2C, O_RDONLY | O_NOCTTY);

    /* 通信チャンネルをコンテクストとして登録 */
    wolfSSL_SetIOReadCtx(ssl, &frecv);
    wolfSSL_SetIOWriteCtx(ssl, &fsend);

    /* サーバーにSSL接続 */
    if ((ret = SSL_connect(ssl)) != SSL_SUCCESS) {

        ～エラー処理～

    }

    ～以下、通常のクライアントと同様～

}
```

SSL オブジェクトの生成前に、先ほど定義した送受信コールバック関数を登録する必要があります。

SSLコンテクストへの登録には、以下のAPI関数を用います。

- `wolfSSL_SetIORecv(void *ctx)`：メッセージ受信関数の登録
- `wolfSSL_SetIOSend(void *ctx)`：メッセージ送信関数の登録

そして、接続前にはメッセージ通信チャンネルをコンテクストとして登録します。メッセージ通信チャンネルは通常接続ごとに動的に確保するため、確保したチャンネルディスクリプターのような情報を接続ごとに通信コンテクストとしてライブラリに登録する必要があります。登録したコンテクストはメッセージ送受信関数の第4引数として渡されるので送受信関数内での通信に使用することができます。

通信コンテクストの登録には、以下のAPI関数を用います。

- コンテクストが送受信で異なる場合
  - `wolfSSL_SetIOReadCtx(SSL *ssl, void *ctx)`：受信コンテクストの登録
  - `wolfSSL_SetIOWriteCtx(SSL *ssl, void *ctx)`：送信コンテクストの登録

- コンテクストが送受信で同じ場合
  - `wolfSSL_set_fd(SSL *ssl, void *ctx)`：送受信共通のコンテクストの登録

8.1.3 実行

コマンド形式は6.2節のクライアント／サーバーと同じです。ただし、クライアントアプリケーションの第1引数（接続先）は無視します。

サーバーとクライアントウィンドウのそれぞれでコマンドを入力し、クライアントウィンドウで送信メッセージを入力すると下のように出力されます。

- サーバー側

```
$ ./server
Waiting for a connection...
fileCbIORecv: frecv=3, sz=5
fileCbIORecv: frecv=3, sz=251
〜省略〜
fileCbIOSend: fsend=4, sz=194
fileCbIORecv: frecv=3, sz=5
fileCbIORecv: frecv=3, sz=30
Received: Hello Server
```

```
fileCbIOSend: fsend=4, sz=44
fileCbIORecv: frecv=3, sz=5
fileCbIORecv: frecv=3, sz=23
Received: break

Received break command
fileCbIOSend: fsend=4, sz=24
End of TLS Server
```

• クライアント側

```
$ ./client
fileCbIOSend: fsend=3, sz=256
fileCbIORecv: frecv=4, sz=5
fileCbIORecv: frecv=4, sz=123
〜省略〜
fileCbIOSend: fsend=3, sz=58
Message to send: Hello Server
fileCbIOSend: fsend=3, sz=35
fileCbIORecv: frecv=4, sz=5
fileCbIORecv: frecv=4, sz=189
fileCbIORecv: frecv=4, sz=5
fileCbIORecv: frecv=4, sz=39
Received: I hear ya fa shizzle!
Message to send: break
fileCbIOSend: fsend=3, sz=28
Sending break command
fileCbIOSend: fsend=3, sz=24
End of TLS Client
```

コールバック関数内のデバッグメッセージにより、

• クライアント側：送信ディスクリプター（3）／受信ディスクリプター（4）
• サーバー側：送信ディスクリプター（4）／受信ディスクリプター（3）

で通信が行われていることがわかります。

また、受信時にはまずTLSレコードのヘッダー部の5バイトを最初に受信し、メッセージ部分のサイズを取得したのち、そのサイズのメッセージ部分を読み込んでいることがわかります。

8.2 ファイルシステムのないプラットフォーム

8.2.1 機能概要

　小型の組み込みシステムなどファイルシステムが実装されないシステムのために、証明書ファイルと同じ内容のデータをメモリバッファー上に格納して使用できるAPIが用意されています。このサンプルプログラムではそれらの利用例を示します。

8.2.2 メモリバッファーの利用例

クライアント

　リスト8.3に、クライアントアプリケーションの実装例を示します。

　基本的にはファイルシステムを利用する場合と同じですが、メモリバッファーを利用するため、証明書ファイルをロードするwolfSSL_CTX_load_verify_locations()関数に対応するAPIであるwolfSSL_CTX_load_verify_buffer()関数を使用しています。

リスト8.3　client-tls.c

```c
#define USE_CERT_BUFFERS_2048
#include "wolfssl/certs_test.h"


#define CA_CERT             ca_cert_der_2048
#define SIZEOF_CA_CERT      sizeof_ca_cert_der_2048


int main(int argc, char **argv)
{
    if ((ctx = SSL_CTX_new(SSLv23_client_method())) == NULL) {

        ～エラー処理～

    }

    /* コンテクストにCA証明書をロード */
    if ((ret = wolfSSL_CTX_load_verify_buffer
        (ctx, CA_CERT, SIZEOF_CA_CERT, SSL_FILETYPE_ASN1)) != SSL_SUCCESS) {
```

```
        ～エラー処理～

    }

    ～省略～

}
```

📄 サーバー

続いて、リスト8.4にサーバー側の実装例を示します。

ここでも、メモリバッファーを利用するため、wolfSSL_CTX_use_certificate_file()関数に対応するwolfSSL_CTX_use_certificate_buffer()関数や、wolfSSL_CTX_use_PrivateKey_file()関数に対応するwolfSSL_CTX_use_PrivateKey_buffer()関数を使用します。

リスト8.4　server-tls.c

```
#define USE_CERT_BUFFERS_2048
#include "wolfssl/certs_test.h"

#define SERVER_CERT         server_cert_der_2048
#define SIZEOF_SERVER_CERT  sizeof_server_cert_der_2048
#define SERVER_KEY          server_key_der_2048
#define SIZEOF_SERVER_KEY   sizeof_server_key_der_2048

int main(int argc, char** argv)
{

    /* Create and initialize an SSL context object */
    if ((ctx = SSL_CTX_new(SSLv23_server_method())) == NULL) {

        ～エラー処理～

    }

    /* Load server certificates to the SSL context object */
    if ((ret = wolfSSL_CTX_use_certificate_buffer(ctx, SERVER_CERT, SIZEOF_SERVER_CERT,
        SSL_FILETYPE_ASN1)) != SSL_SUCCESS) {

        ～エラー処理～
```

```
    }

    /* Load server key into the SSL context object */
    if ((ret = wolfSSL_CTX_use_PrivateKey_buffer(ctx, SERVER_KEY, SIZEOF_SERVER_KEY,
        SSL_FILETYPE_ASN1)) != SSL_SUCCESS) {

        ～エラー処理～

    }

    ～省略～
}
```

　wolfSSLでは、表8.2に示すように、証明書／鍵のロードのためのAPIとして、それぞれファイルとメモリバッファーのそれぞれを用いる関数が用意されています。

表8.2　証明書／鍵をロードするためのAPI関数

役割	機能	指定単位	ファイルシステム	
			あり	なし
認証する側	CA証明書のロード	コンテクスト	wolfSSL_CTX_load_verify_locations()	wolfSSL_CTX_load_verify_buffer()
認証される側	証明書のロード	コンテクスト	wolfSSL_CTX_use_certificate_file()	wolfSSL_CTX_use_certificate_buffer()
		セッション	wolfSSL_use_certificate_file()	wolfSSL_use_certificate_buffer()
	秘密鍵のロード	コンテクスト	wolfSSL_CTX_use_PrivateKey_file()	wolfSSL_CTX_use_PrivateKey_buffer()
		セッション	wolfSSL_use_PrivateKey_file()	wolfSSL_use_PrivateKey_buffer()

　メモリバッファーからロードするAPI関数の引数には、

- メモリバッファーへのポインター
- サイズ
- ファイルタイプ

の3つを指定します。なお、ファイルタイプには以下のようにDERまたはPEMを指定します。

- DER：SSL_FILETYPE_ASN1
- PEM：SSL_FILETYPE_PEM

8.2.3　便利なサンプルデータ

メモリバッファーを利用するアプリケーションを開発する際、簡単に使用できるサンプルデータが、wolfssl/certs_test.hに提供されています。データはcertsディレクトリ下にあるサンプル証明書ファイルのファイル名と対応しており、下の例に示すような名前付けルールで、C言語の初期値ありデータとそのサイズ定数が提供されています。

- certs/ca-cert.der：ca_cert_der_2048／sizeof_cert_der_2048
- certs/1024/ca-cert.der：ca_cert_der_1024／sizeof_cert_der_1024

データはRSA 2048／1024ビットのもの、ECC 256ビットのものとグループ分けされており、利用するグループに対応するマクロを定義してグループを有効化します。

- RSA 2048ビット：USE_CERT_BUFFERS_2048
- RSA 1024ビット：USE_CERT_BUFFERS_1024
- ECC 256ビット：USE_CERT_BUFFERS_256

8.2.4　実行

コマンドライン引数は6.2節のクライアント／サーバープログラムと同じです。

クライアントとサーバーウィンドウのそれぞれでコマンドを入力し、クライアントウィンドウで送信メッセージを入力すると下のように出力されます。

- サーバー側

```
$ ./Server-tls
Waiting for a connection...
Client connected successfully
Received: Hello Server

Received: break

Received break command
Closed the connection
Waiting for a connection...
```

- クライアント側

```
$ ./Client-tls
Send to localhost(127.0.0.1)
Message to send: Hello Server
Received: I hear ya fa shizzle!
Message to send: break
Sending break command
End of TLS Client
```

8.3 イベントループ

8.3.1 機能概要

　組み込みシステムの中には、RTOS（リアルタイムOS）も持たず、ベアメタルですべてを1つのプログラムとして動作させるようなものもあります。その場合、多くはイベントループと呼ばれる「全体を1つの大きな無限ループとし、その中で必要な処理（タスク）を呼び出す」形でプログラムを構成します。

　本節では、そのような場合に応じたwolfSSLライブラリの使用方法を、TLSクライアントを例に紹介します。同じ手法は、シングルスレッドでネットワークアクセスをノンブロッキングモードで動作させる場合にも適用できます。この例は読者が簡単にプログラムを試すことができるように、ベアメタルではなくLinux上の1つのプロセス（プログラム）として動作するものとして作られています。

　他の例と同じように、この例でもTCP層の通信としてBSDソケットを使用しますが、ここではソケットをノンブロッキングで動作させます。wolfSSLのTLS接続やメッセージ通信処理では、ソケットによるTCP接続およびメッセージ送受信以外では、処理がブロックされることはありません。そのため基本的には、TCPソケットの動作モードにノンブロック（O_NONBLOCK）を指定することで、TLS層の動作としてもノンブロックで動作させることができます。

> **Note** ユーザー独自のTCPレイヤーを利用する場合は、8.1節を参照して、メッセージ送受信関数を作成、登録してください。

　本節のサンプルプログラムのようにイベントループの一部としてプログラムを動作させるときは、

227

wolfSSLライブラリはシングルスレッドで動作させなければなりません。そのため、ライブラリのビルド時に--enable-singlethreaded(SINGLE_THREADED)オプションを指定します。

なお、本節で作成するクライアントプログラムの挙動は、6.2節で紹介したクライアントプログラムと同じです。そのため、6.2節のサーバープログラムと接続して動作できます。

8.3.2　サンプルプログラム

それでは、クライアントアプリケーションのプログラム例を見ていきましょう。

状態管理用の各種定義

まずは、アプリケーションの状態を管理するための状態定数および変数と、その初期化関数（stat_init()）を定義します（リスト8.5）。

リスト8.5　client-tls-sp.c（部分）

```
enum
{
    CLIENT_BEGIN,
    CLIENT_TCP_CONNECT,
    CLIENT_SSL_CONNECT,
    CLIENT_SSL_WRITE,
    CLIENT_SSL_READ,
    CLIENT_END
};

typedef struct {
    int stat;
    int sockfd;
    char ipadd[32];
    SSL_CTX *ctx;
    SSL *ssl;
} STAT_client;

void stat_init(STAT_client *stat)
{
    stat->stat = CLIENT_BEGIN;
    stat->sockfd = -1;
    stat->ctx   = NULL;
    stat->ssl   = NULL;
}
```

client_main()関数（処理本体）

client_main()関数は、ノンブロックで動作するクライアント処理の本体です。この関数はmain()関数のイベントループから呼ばれます。

client_main()関数の中では、次の順序で状態遷移させながら、TLSクライアントの処理を進めます。

1. CLIENT_BEGIN：TCP、TLSの初期化
2. CLIENT_TCP_CONNECT：TCP接続
3. CLIENT_SSL_CONNECT：SSL接続
4. CLIENT_SSL_WRITE：SSLメッセージの送信
5. CLIENT_SSL_READ：SSLメッセージの受信
6. 2.に戻る

それでは実際にコードを見てみましょう（リスト8.6）。

リスト8.6　client-tls-sp.c（部分）

```c
int client_main(STAT_client *stat)
{
    switch(stat->stat) {
    case CLIENT_BEGIN:
        /* ライブラリ初期化 */
        /* SSLコンテクストを確保 */
        if ((stat->ctx = SSL_CTX_new(SSLv23_client_method())) == NULL) {

            ～エラー処理～

        }

        /* TCP Socket の確保と初期化 */
        if ((stat->sockfd = socket(AF_INET, SOCK_STREAM, 0)) == -1) {

            ～エラー処理～

        }

        /* ソケットをノンブロックモードに設定 */
        fcntl(stat->sockfd, F_SETFL, O_NONBLOCK); /* Non-blocking mode */
```

```
    stat->stat = CLIENT_TCP_CONNECT;
    FALLTHROUGH;

case CLIENT_TCP_CONNECT:
    /* TCP接続 */
    while ((ret = connect(stat->sockfd, (struct sockaddr *)&servAddr,
    sizeof(servAddr))) == -1) {
        if (errno == EAGAIN || errno == EWOULDBLOCK) {
            return SSL_CONTINUE;
        }
        else if (errno == EINPROGRESS || errno == EALREADY) {
            break;
        }

        ～エラー処理～

    }

    /* SSLオブジェクトを確保 */
    if ((stat->ssl = wolfSSL_new(stat->ctx)) == NULL) {

        ～エラー処理～

    }

    /* ソケットfdをSSLオブジェクトに登録 */
    if ((ret = SSL_set_fd(stat->ssl, stat->sockfd)) != SSL_SUCCESS) {

        ～エラー処理～

    }

    stat->stat = CLIENT_SSL_CONNECT;
    FALLTHROUGH;

case CLIENT_SSL_CONNECT:
    /* SSL接続要求 */
    if ((ret = SSL_connect(stat->ssl)) != SSL_SUCCESS) {
        if (SSL_want(stat->ssl) == SSL_WRITING ||
            SSL_want(stat->ssl) == SSL_READING){
            return SSL_CONTINUE;
```

```
            }

            ～エラー処理～

    }
    printf("\n");

    /* アプリケーション層のメッセージ送受信 */
    while (1) {

        printf("Message to send: ");
        if(fgets(msg, sizeof(msg), stdin) <= 0)
            break;

        stat->stat = CLIENT_SSL_WRITE;
        FALLTHROUGH;

case CLIENT_SSL_WRITE:
    if ((ret = SSL_write(stat->ssl, msg, strlen(msg))) < 0){
        if (SSL_want(stat->ssl) == SSL_WRITING){
            return SSL_CONTINUE;
        }

            ～エラー処理～

    }
    printf("\n");
    if (strcmp(msg, "break\n") == 0) {
        printf("Sending break command\n");
        ret = SSL_SUCCESS;
        goto cleanup;
    }

    stat->stat = CLIENT_SSL_READ;
    FALLTHROUGH;

case CLIENT_SSL_READ:
        if ((ret = SSL_read(stat->ssl, msg, sizeof(msg) - 1)) < 0) {
            if (SSL_want(stat->ssl) == SSL_READING){
                return SSL_CONTINUE;
            }
```

```
            ～エラー処理～

        }
        printf("\n");
        msg[ret] = '\0';
        printf("Received: %s\n", msg);
        ret = SSL_CONTINUE;
    }
}


    ～後処理～

}
```

接続の状態はstat->statに格納されているので、client_main()関数が呼ばれると冒頭の
switch(stat->stat)で現在の状態にジャンプします。

初期化時はCLIENT_BEGINとなっているため、この関数が最初に呼ばれるとまずcase CLIENT_
BEGIN:に入ります。ライブラリの初期化、SSLコンテクスト／TCPコンテクストの確保などの準備をし
ます。またこのとき、ソケットをノンブロックモードに設定します。

準備が完了すると、状態をCLIENT_TCP_CONNECTに変更します。これにより次回この関数が呼ばれ
た際にはcase CLIENT_TCP_CONNECT:から実行することになりますが、case文の最後にbreak文が
ないため、処理はそのまま次のcase CLIENT_TCP_CONNECT:に入ります（FALLTHROUGはそれを示す
ための空文）。

ここでは、TCP接続のためにconnect()関数を呼び出します。今回、connect()はノンブロック
モードで動作しますが、クライアントが接続要求を送信してから接続が成立するまでには少し時間がか
かるので、通常最初のうちのconnect()関数の返値は-1、errnoはEAGAINまたはEWOULDBLOCKにな
ります。なお、これは処理の異常ではなく、connect()関数の処理が完了しておらず、再度の呼び出し
が必要であることを示しています。そして、イベントループに次回呼び出しが必要であることを示すた
めに、client_main()関数はSSL_CONTINUEを返します。

後ほど実装するmain()関数のイベントループでは、この返値がSSL_CONITNUEのため、次のループ
で再びclient_main()を呼び出します。再度呼び出されたclient_main()では、状態がCLIENT_
TCP_CONNECTなので、switch文でcase CLIENT_TCP_CONNECT:にジャンプし、再びconnect()関
数を呼び出します。このように、ノンブロックの関数は処理を完了するまで繰り返し呼び出されます。

処理が完了すると、connnect()関数は正常終了するのでwhileループを抜け、次に進みます。そこ
でSSLオブジェクトの確保／準備を完了させ、状態を次のCLIENT_SSL_CONNECTに設定します。ここ
でもbreak文がないので次のcase文に入りSSL_connect()を呼び出します。

SSL_connect()関数も、TCPのconnect()関数と同様に処理が完了するまで繰り返して呼び出す必要があります。SSL_connectの返値がSSL_SUCCESSでない場合には、SSL_want(stat->ssl)でそれを判定します。

client_main()ではこのように、状態を遷移しながら処理を進めていきます。

■ イベントループ（main()関数）

最後に、main()関数内にイベントループを作ります（リスト8.7）。client_main()の返値がSSL_CONTINUEである限り、繰り返しclient_main()関数を呼び出します。

リスト8.7 client-tls-sp.c（部分）

```
int main(int argc, char **argv)
{
    STAT_client stat;

    stat_init(&stat);

    /* イベントループ */
    while(1)
        if(client_main(&stat) != SSL_CONTINUE)
            break;

}
```

8.3.3 実行

コマンドライン引数は6.2節のクライアント／サーバープログラムと同じです。

ノンブロッキングで動作していることがわかるように、サーバー／クライアントのイベントループでは下のように100万ループごとにメッセージを出すようにしています。このサンプルでは、主にサーバー側が待つ形になるため、サーバー側にこのメッセージが繰り返し出力されます。その他の動作はブロッキング型のクライアント／サーバーと同様であることがわかります。

```
while (1) {
    if(server_main(&stat) != SSL_CONTINUE)
        break;
    if (cnt++ % 1000000 == 0)
        printf("server_main\n");
}
```

　サーバーとクライアントウィンドウのそれぞれでコマンドを入力し、クライアントウィンドウで送信メッセージを入力すると下のように出力されます。

- サーバー側

```
$ ./server
Waiting for a connection...
server_main
server_main
server_main
server_main
Client connected successfully
server_main
server_main
server_main
server_main
server_main
Received: Hello Server
server_main
server_main
server_main
server_main
server_main
Received: break
Received break command
End of TLS Server
```

wolfSSLライブラリ
の構成

Part 3では、TLSライブラリの内部構造について、wolfSSLを例に解説します。

9.1　ライブラリの構造とファイル構成

wolfSSLライブラリは、図9.1に示すように

- TLSプロトコルを実現するプロトコル層
- その基盤となる暗号アルゴリズム層

の2つに大きく分かれています。

プロトコル層

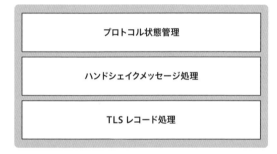

暗号アルゴリズム層

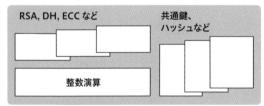

図9.1　セッション再開のためのセッションチケット

　そのうちプロトコル層は、主にハンドシェイクの状態管理をするプロトコル状態管理、ハンドシェイクメッセージごとの処理をするメッセージ層、TLSレコード層の処理、というふうに階層化されています。また暗号アルゴリズム層は、ハッシュや共通鍵暗号などアルゴリズム個別の処理を行うモジュールと、公開鍵暗号系に分かれています。公開鍵暗号処理は個々のアルゴリズムの処理モジュールと、それらの基盤となる大きな整数を扱う整数処理に階層化されています。

9.1.1 ソースコードの入手とファイル構成

wolfSSLのソースファイルは、ステーブル版はwolfSSL社サイトのダウンロードページ、最新のコミュニティ版はGithubリポジトリ（`https://github.com/wolfSSL/wolfssl`）で入手することができます。

wolfSSLのファイル構成を表9.1にまとめます。ファイル一式の中にはライブラリのソースコードの他にテストプログラム、ベンチマーク、サンプルプログラム、テスト用の証明書、鍵などのファイルも含まれています。

表9.1　wolfSSLのファイル構成

項目	階層	ディレクトリ名
プログラム	TLS層	src/
	暗号エンジン層	wolfcrypt/src
	ポーティング	wolfcrypt/src/port
ヘッダーファイル	TLS層	wolfssl/
	暗号エンジン層	wolfssl/wolfcrypt
	OpenSSL拡張	wolfssl/openssl
	ポーティング	wolfssl/wolfcrypt/port
テスト	TLS層	tests/
	暗号エンジン層	wolfcrypt/tesl
ベンチマーク	TLS層	examples/benchmark
	暗号エンジン層	wolfcrypt/benchmark
サンプルプログラム		examples/client examples/server
IDEサンプルプロジェクト		IDE/
テスト用証明書、鍵	ファイル	certs/*.{pem, der}
	メモリデータ	wolfssl/certs_test.h
ユーザー定義オプション		user_settings.h

Note wolfSSLのサンプルプログラムはGitHubにも公開されています。

● `https://github.com/wolfssl/wolfssl-examples`

wolfSSLライブラリのソースコードは、プログラム本体とヘッダーファイルがそれぞれのディレクトリに分けられています。また、それらはTLSプロトコル層と暗号エンジン層の2つに分けて格納されています。

wolfSSLライブラリのベース開発言語はC言語です。ソースコードは各種のC言語コンパイラーに対

応できるように十分汎用なコードのみを使用して記述されているので、単一のコードセットで各種のC言語コンパイラーに対応することができます。

　ソースファイルの中には性能の最適化のために書かれたアセンブリ言語のコードも含まれていますが、それらを使用せずC言語のコードだけでも動作するように作られています。またportディレクトリの下には、各種OSなど、個別のプラットフォーム上で動作させるためのポーティング用のプログラムが格納されていますが、LinuxやWindowsなど汎用OS上で動作させる場合はそれらのファイルを使用せず、コアのソースファイルのみで動作させることができます。

9.2　ビルド方法

　ソースコードからビルドする場合、コマンド環境では`./configure`コマンドで`Makefile`を生成したのち、`make`コマンドを実行することで可能です。なおGitHubから直接ダウンロードした場合は、`./autogen.sh`を実行してAutoconfを走らせ、`configure`スクリプトを生成してからビルドしてください。

```
$ ./autogen.sh ←コミュニティ版の場合のみ

$ ./configure  <ビルドオプション>
...
   Features
   * FIPS:                 no
   * Single threaded:      no
   * Filesystem:           yes
   * OpenSSH Build:        no
   * OpenSSL Extra API:    no
   * OpenSSL Coexist:      no
...
```

　生成された`Makefile`を用いて`make test`コマンドを実行すると、ライブラリと各種テストプログラムその他を生成し、テストスクリプトを実行してテスト結果を表示します。

```
$ make test
...
PASS: scripts/openssl.test
PASS: scripts/external.test
PASS: testsuite/testsuite.test
PASS: scripts/resume.test
PASS: scripts/google.test
PASS: scripts/tls13.test
PASS: scripts/unit.test
============================================================
Testsuite summary for wolfssl 5.0.1
============================================================
# TOTAL: 7
# PASS:  7
# SKIP:  0
# XFAIL: 0
# FAIL:  0
# XPASS: 0
# ERROR: 0
============================================================
```

9.3 ビルド生成物

さらに make コマンドを実行すると、wolfSSL ライブラリ本体とともに以下の各ファイルが生成されます。

9.3.1 ライブラリ

wolfSSL ライブラリは、デフォルトでは共有ライブラリ形式で src/.libs ディレクトリ下に「libwolfssl.so」というライブラリ名で生成されます。./configure コマンド実行時にオプションとしてスタティックライブラリを指定（--enable-static）すると、スタティックライブラリ「libwolfssl.a」が生成されます。

9.3.2　テストプログラム

　組み込みターゲットなどに移植可能な最低限度の単体テストを行うテストプログラム（wolfcrypt/test/test.c）と、シナリオベースのAPIテスト（tests/api.c）の2種類の単体テストが用意されています。他にも、インターネットに接続された環境で行う各種のインターオペラビリティテストを含めた多数のテストプログラムが含まれています。先述のように、makeコマンド実行時に「make test」のようにターゲット「test」を指定することでそれらのテストを実行することが可能です。

　移植可能な単体テストプログラムを実行すると、次のように暗号アルゴリズムごとのテストを行い、テスト結果を表示します。ライブラリを組み込みターゲットに移植する際は、目的のアプリケーションを移植する前に必ずこのテストによって正常性を確認しておきましょう。

```
$ ./wolfcrypt/test/testwolfcrypt
--------------------------------------------------------------------
 wolfSSL version 5.0.1
--------------------------------------------------------------------
～省略～
MD5      test passed!
SHA      test passed!
SHA-224  test passed!
SHA-256  test passed!
SHA-384  test passed!
～省略～
ECC      test passed!
logging  test passed!
mutex    test passed!
memcb    test passed!
Test complete
```

9.3.3　ベンチマークプログラム

　暗号アルゴリズムレイヤー（wolfcrypt/benchmark/benchmark.c）とTLSレイヤー（examples/benchmark/tls_bench.c）の2種類のベンチマークプログラムも含まれています。

　暗号アルゴリズムレイヤーのベンチマークを実行すると、下のようにアルゴリズムごとの処理時間のサマリーを表示します。

```
$ ./wolfcrypt/benchmark/benchmark

------------------------------------------------------------------------------
 wolfSSL version 5.0.1
------------------------------------------------------------------------------
wolfCrypt Benchmark (block bytes 1048576, min 1.0 sec each)
RNG                  95 MB took 1.018 seconds,   93.331 MB/s Cycles per byte =  23.54
AES-128-CBC-enc     205 MB took 1.020 seconds,  200.927 MB/s Cycles per byte =  10.94
AES-128-CBC-dec     225 MB took 1.004 seconds,  224.029 MB/s Cycles per byte =   9.81
〜省略〜
RSA      2048 public       14200 ops took 1.003 sec, avg 0.071 ms, 14153.503 ops/sec
RSA      2048 private        300 ops took 1.302 sec, avg 4.340 ms, 230.423 ops/sec
DH       2048 key gen        753 ops took 1.001 sec, avg 1.329 ms, 752.229 ops/sec
DH       2048 agree          800 ops took 1.136 sec, avg 1.420 ms, 704.443 ops/sec
ECC   [SECP256R1]  256 key gen 633 ops took 1.001 sec, avg 1.581 ms, 632.610 ops/sec
ECDHE [SECP256R1]  256 agree   1300 ops took 1.044 sec, avg 0.803 ms, 1244.635 ops/sec
ECDSA [SECP256R1]  256 sign    1200 ops took 1.031 sec, avg 0.859 ms, 1164.005 ops/sec
ECDSA [SECP256R1]  256 verify  1800 ops took 1.035 sec, avg 0.575 ms, 1738.739 ops/sec
Benchmark complete
```

　テストが完了したら、`make install`を実行し、ライブラリをプラットフォーム環境にインストール
します。インストールディレクトリは、例えばLinuxであれば`/usr/local/{lib, include}`のよう
に、プラットフォームごとに適切なロケーションが選択され、プラットフォーム上のアプリケーションか
ら参照できるようになります。

```
$ sudo make install
```

9.3.4 サンプルサーバー／クライアント

　ライブラリAPIの使用例を示す、簡単な1往復のTLS通信を行うサーバー／クライアント（examples/
echoserver/echoserver.c／examples/echoclient/echoclient.c）と、各種対向テストに利用
できるサーバー／クライアント（examples/server/server.c／examples/client/client.c）の2
ペアのサンプルプログラムも含まれています。特に、対向テスト用のサーバー／クライアントでは下の
ような各種のコマンドライン引数を指定することができ、対向テストのためのさまざまなテスト環境を
作ることができます。

　例えば、「特定のWebサイトに対してTLS 1.3で指定したCA証明書を使ってサーバー認証し、簡単
なHTTPリクエストを送信する」場合は、次のようなオプションを指定します（指定できるオプション

一覧はAppendixを参照)。

```
$ examples/client/client -g -h <URL> -p <ポート番号> -A <CA証明書> -v 4
```

　サーバー側で、「サーバー証明書とプライベート鍵を指定して、任意のTLSバージョンで外部からの接続要求を受け付けるように特定ポートで待ち受け、簡単なHTTPページを返す」には次のような指定をします。

```
$ examples/server/server -b -p <ポート番号> -g -c <サーバー証明書> -k <プライベート鍵> -v d
```

9.4 ライブラリのビルドオプション

　wolfSSLは、組み込み向けライブラリとして使用できるようにさまざまなビルドオプションを提供しています。表9.2に主なビルドオプションの種類をまとめます。

表9.2　主なビルドオプション

種別	説明	ビルドオプション例
ライブラリ全体	• 共有ライブラリ、スタティックライブラリの選択 • プロトコル層を含む全機能、あるいは暗号アルゴリズム層のみの機能の選択 • OpenSSL互換APIの有無など	--enable-static --enable-cryptonly
暗号アルゴリズム	• 暗号アルゴリズム、利用モードなどを単位とした機能の選択 • 整数ライブラリ最適化の選択など	--enable-aesgcm --enable-curve448 --enable-sp
プロトコル層	• TLSバージョンの選択、PSK、セッション再開、OCSPの選択 • プロトコル機能単位の選択 • DTLSの他、関連プロトコルの選択など	--enable-tls10 --enable-earlydata --enable-ocsp
ハードウェア暗号	各種ハードウェア暗号エンジン、MPU／MCP固有命令との連携機能の選択	--enable-armasm --enable-intelasm
システム構成	単一スレッド、ファイルシステムの有無など、システム構成に関する選択	--enable-singlethreaded --enable-filesystem
リソース関係	スタックサイズの縮小化、セッションキャッシュサイズの選択など	--enable-smallstack
インテグレーション	サードパーティコンポーネントとのインテグレーション機能やインターフェイスの選択	--enable-ssh --enable-wolfsentry
開発サポート	デバッグログ、各種トレース機能などの選択	--enable-debug --enable-trackmemory

9.5 IDEでのライブラリ作成

　EclipseやVisual Studioなどの汎用IDE、あるいは組み込み向けIDEを使用する場合は、IDEディレクトリの下に各種IDE別に格納されているサンプルプロジェクトを適宜参照することができます。この中には、gcc／makeコマンド環境向けのサンプルも含まれています（IDE/GCC-ARM）。

　IDE環境でライブラリをビルドする場合は、一般的には以下のような手順でプロジェクトを作成します。

9.5.1 ソースファイル一式の登録

　ライブラリ生成用プロジェクトにソースファイル一式を登録します。登録するソースファイルは2つのディレクトリ直下にあるC言語ソースファイル（*.c）です。

- TLSプロトコル層：src（ただし、evp.c、bio.dを除く）
- 暗号アルゴリズム層：wolfcrypt/src（ただし、misc.cを除く）

9.5.2 オプションを定義したヘッダーファイルの用意

　コンフィグレーションオプションを定義したヘッダーファイルuser_settings.hを適当なディレクトリに用意します。そして、このファイルのインクルードを指定するオプション「WOLFSSL_USER_SETTINGS」をマクロとして定義します。

　user_settings.hで指定できるコンフィグレーションオプションは、IDE/GCC-ARM/Header/user_settings.hに含まれるものを選択することもできます。

9.5.3 インクルードパスの設定

　ヘッダーファイルのインクルードパスとして、wolfSSLソースの置かれているディレクトリを指定します。このとき、user_setting.hが置いてあるディレクトリも指定します。

9.6　アプリケーションプログラムの作成

アプリケーションプログラムは、通常のコンパイル環境であれば、上記の方法で作成したライブラリをリンクすることで作成できます。

具体的にはまず、アプリケーションプログラムの先頭付近で wolfssl/ssl.h ヘッダーファイルをインクルードすることになります。また、wolfSSLの各種データ構造はさまざまな環境に合わせてビルドオプションによって最適化されているため、コンパイル時にはプリインクルードオプション（-include wolfssl/options.h）で options.h ファイルをインクルードします。options.h はライブラリビルド時に ./configure コマンドが生成したオプションヘッダーファイルです。./configure コマンドで生成／インストールしたライブラリを使用してコンパイルする場合、例えば次のようなオプションを指定してコンパイルします。

```
$ gcc <ソースファイル名> -Iwolfssl -lwolfssl -include wolfssl/options.h
```

IDEによるビルドなど、./configure コマンドを使用しない場合は、user_settings.h をインクルードできるように、オプションで WOLFSSL_USER_SETTINGS をプリデファインします。user_settings.h を使ったスタティックライブラリを使用する場合を例とすると、下のようなオプションを指定してコンパイルします。

```
$ gcc <ソースファイル名> -I<wolfSSL_ソースルート> <ライブラリパス> -DWOLFSSL_USER_SETTINGS
```

9.7　サンプル証明書

certs ディレクトリの下には、テストなどに利用できるサンプルの証明書、および鍵ファイルが提供されています。このファイルは、上記のサンプルプログラムの中でも利用されていますが、ユーザーがアプリケーションを開発する過程でも利用することができるようになっています。

表9.3　サンプル証明書および鍵ファイル

ディレクトリ	種別	ファイル名の例（拡張子を除く）
certs		CA証明書、サーバー証明書、プライベート鍵
	サーバー用RSA	ca-cert、server-cert、server-key
	サーバー用ECC	ca-ecc-cert、server-ecc、ecc-key
	クライアント用RSA	client-ca、client-cert、client-key
	クライアント用ECC	client-ecc-cert、cleint-ecc-key
1024	RSA 1024ビット	
3072	RSA 3072ビット	
4096	RSA 4096ビット	
crl	CRL	
ecc	ECC 256ビット	
p512	ECC 512ビット	
ed25519	Ed25519	
ed488	Ed25519	

9.8 OpenSSL互換API

　wolfSSLは、OpenSSLのAPIの中でも、比較的利用頻度が高い1000以上のAPIについて互換APIを提供しています。Chapter 6および7のサンプルプログラムでは、それらの利用例を紹介しました。これらのサンプルプログラムでは、ソースコードを変更することなくwolfSSLとOpenSSLのどちらのライブラリも動作させることができます。

> ただし、wolfSSLはOpenSSLとはまったく独立に独自開発されたものです。そのため、APIレベルの互換性は実現していますが、データ構造や細部の挙動やエラーコードなどについては互換性が実現されていない部分もある点には注意が必要です。

　wolfSSLのOpenSSL互換APIは、wolfSSLネイティブ機能を組み合わせて互換APIを実現するラッパー関数によって実現されています。図9.2はその様子を示したものです。

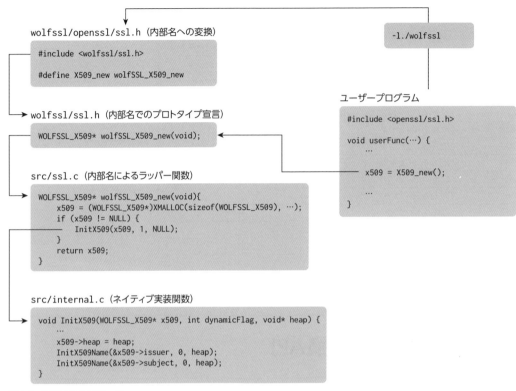

図9.2　互換API向けラッパー

　ヘッダーファイルopenssl/ssl.h内のマクロ定義で、OpenSSL API名はすべて対応する内部ラッパー関数名に変換します。内部名は原則としてOpenSSL API名のプリフィックス「wolfSSL_」を付加したものとなります。内部名によるラッパー関数はwolfSSLのネイティブ関数とデータ構造を利用して互換の関数を実現します。

　その際、アプリケーションプログラムは<openssl/ssl.h>をインクルードします。ビルド時には「<wolfSSL-Root>/wolfssl」をヘッダーパスとして指定することにより、このインクルード文は<wolfSSL-Root>/wolfssl/openssl/ssl.hを参照することになります。これにより、ユーザープログラム内のOpenSSL APIはwolfSSL内部関数名に変換され、実行時にはラッパー関数が呼び出されることになります。

プロトコル処理

10.1 TLS接続

先述のように、wolfSSLでのTLSプロトコル処理部は、プロトコル状態遷移管理、ハンドシェイクメッセージ処理、TLSレコード処理の3層に階層化されています。図10.1に、`wolfSSL_connect()`関数を例にした処理の流れを示します。

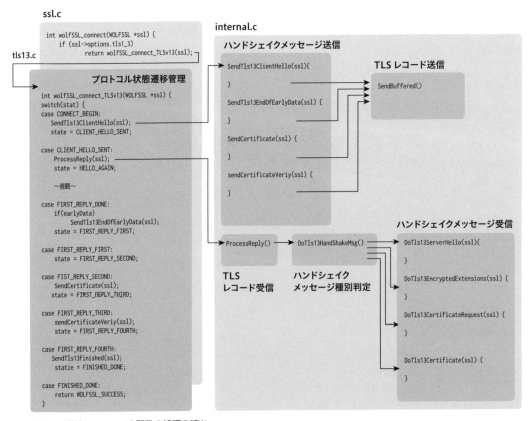

図10.1　wolfSSL_connect()関数の処理の流れ

　Chapter 2で紹介したように、TLSのハンドシェイクプロトコルはTLS 1.2までとTLS 1.3で大きく変わりました。そのため、プロトコル状態遷移管理も、`wolfSSL_connect()`関数の入り口部分で対象バージョンによって分岐し、TLS 1.3の場合は`wolfSSL_connect_TLSv13()`関数によって処理します。

> TLS 1.2以前の場合は、そのままwolfSSL_connect()関数で処理を行います。

図10.1には、TLS 1.3の場合の流れを示しましたが、いずれのバージョンでも、ハンドシェイクの状態をswitch文で管理し、基本的に上のcaseから下のcaseへと流れるようになっています。各caseでは、処理が正常の場合は次の状態をセットし、breakせずに次のcaseの処理に直接入る（フォールスルーする）ようになっています。なお、エラーの場合は、直ちにアラート処理など適切なエラー処理を行って関数をエラーリターンします。

> このように、通常の処理モードにおいてはswitch文は単に状態の遷移を示すのみであり、大きな役割は果たさないように見えます。しかしノンブロックモードで動作する場合、switch文によって状態に応じた適切なcase文にジャンプさせて処理を進めることができます。ノンブロックモードの処理については後述します。

リスト10.1に、wolfSSL_connect_TLSv13()関数のうちプロトコル状態遷移部分だけを抜き出したものを示します。

リスト10.1　src/tls13.c

```c
int wolfSSL_connect_TLSv13(WOLFSSL* ssl)
{
    ～省略～
    switch (ssl->options.connectState) {
        case CONNECT_BEGIN:
            /* Always send client hello first. */
            if ((ssl->error = SendTls13ClientHello(ssl)) != 0) {
                WOLFSSL_ERROR(ssl->error);
                return WOLFSSL_FATAL_ERROR;
            }
            ssl->options.connectState = CLIENT_HELLO_SENT;
            FALL_THROUGH;
        case CLIENT_HELLO_SENT:
            /* Get the response/s from the server. */
            while (ssl->options.serverState <
                                    SERVER_HELLO_RETRY_REQUEST_COMPLETE) {
                if ((ssl->error = ProcessReply(ssl)) < 0) {
                    WOLFSSL_ERROR(ssl->error);
```

```
                     return WOLFSSL_FATAL_ERROR;
             }
         }
         ssl->options.connectState = HELLO_AGAIN;
         FALL_THROUGH;
     case HELLO_AGAIN:
         ～省略～

     case HELLO_AGAIN_REPLY:
         ～省略～

     case FIRST_REPLY_DONE:
         ～省略～

     case FIRST_REPLY_FIRST:
         ～省略～

     case FIRST_REPLY_SECOND:
         ～省略～

     case FIRST_REPLY_THIRD:
         ～省略～

     case FIRST_REPLY_FOURTH:
         ～省略～

     case FINISHED_DONE:
         ～省略～

     default:
         WOLFSSL_MSG("Unknown connect state ERROR");
         return WOLFSSL_FATAL_ERROR; /* unknown connect state */
     }
 }
```

　プロトコルの状態遷移はSSLセッションごとに管理され、SSL構造体の ssl->options.connect State が状態変数となっています。

　コーディング上、状態遷移全体は switch 文で囲まれ、状態に対応する case 文で区切られていますが、各 case 文の最後に break 文がなく処理は次の case にそのまま流れます。

コーディング上フォールスルーを明示するためにFALL_THROUGHと記述されていますが、その単語自体は何も実行しない空文のマクロとして定義されています。

この switch 文はノンブロッキングモードの場合に機能しますが、ブロッキングモードの場合は状態遷移とともにこの switch 文の中を単純に上から下に処理が進みます。

状態は CONNECT_BEGIN から始まります。この状態のとき関数は SendClientHello() 関数を呼び出します。SendClientHello() 関数ではハンドシェイクの最初のメッセージの ClientHello() を構成し、SendBuffered() 関数にて TLS レコードとして送信します。正常に送信が終了したら、状態を次の CLIENT_HELLO_SENT にセットし ProcessReply() 関数にてサーバーからの応答を待ちます。

ProcessReply() 関数ではサーバーからの TLS レコードが受信されるのを待ちます。受信された TLS レコードの正当性をチェックしたのち、ハンドシェイクメッセージが期待するものであれば該当するメッセージ処理関数を呼び出します。この場合、DoServerHallo() 関数を呼び出して受信したメッセージを処理しています。

このようにハンドシェイクの状態を遷移し、最後に Finished メッセージを正常に送信したら FINISHED_DONE 状態となり、wolfSSL_Connect() 関数は正常にリターンします。

 ### デバッグログ機能を利用して遷移を見る

この様子を wolfSSL のデバッグログ機能を利用して見ることもできます。

ライブラリをビルドする際に --enable-debug オプションを有効化することで、ライブラリ内の実行状況を逐次デバッグ情報として出力することができます。プロトコルの状態遷移は「connect state:」というプリフィックスで出力され、また関数の呼び出しは「wolfSSL Entering」というプリフィックスで出力されます。

ハンドシェイク中の各メッセージ処理の関数名は、送信処理であれば「SendTLS13」、受信処理であれば「DoTLS13」というプリフィックスで命名されているので、例えばTLS 1.3の簡単なクライアント／サーバー間通信でそれらを抽出すると次のようなログを得ることができます。

• ライブラリ初期化、コンテクスト確保

```
wolfSSL Entering wolfSSL_Init
wolfSSL Entering wolfSSL_CTX_new_ex
wolfSSL Entering wolfSSL_CertManagerNew
wolfSSL Leaving WOLFSSL_CTX_new, return 0
```

- 証明書、鍵ロード

```
wolfSSL Entering wolfSSL_CTX_use_certificate_chain_file
wolfSSL Entering wolfSSL_CTX_use_PrivateKey_file
wolfSSL_CTX_load_verify_locations_ex
wolfSSL_CTX_load_verify_locations_ex
```

- TLS接続準備

```
wolfSSL Entering SSL_new
wolfSSL Leaving SSL_new, return 0
wolfSSL Entering SSL_set_fd
wolfSSL Entering SSL_set_read_fd
wolfSSL Leaving SSL_set_read_fd, return 1
wolfSSL Entering SSL_set_write_fd
wolfSSL Leaving SSL_set_write_fd, return 1
```

- TLS接続

```
wolfSSL Entering SSL_connect()
wolfSSL Entering SendTls13ClientHello
connect state: CLIENT_HELLO_SENT
wolfSSL Entering DoTls13ServerHello
wolfSSL Entering wolfSSL_connect_TLSv13()
connect state: HELLO_AGAIN
connect state: HELLO_AGAIN_REPLY
wolfSSL Entering DoTls13EncryptedExtensions
wolfSSL Entering DoTls13CertificateRequest
wolfSSL Entering DoTls13Certificate
wolfSSL Entering DoTls13CertificateVerify
wolfSSL Entering DoTls13Finished
connect state: FIRST_REPLY_DONE
connect state: FIRST_REPLY_FIRST
connect state: FIRST_REPLY_SECOND
wolfSSL Entering SendTls13Certificate
connect state: FIRST_REPLY_THIRD
wolfSSL Entering SendTls13CertificateVerify
connect state: FIRST_REPLY_FOURTH
wolfSSL Entering SendTls13Finished
connect state: FINISHED_DONE
wolfSSL Leaving wolfSSL_connect_TLSv13(), return 1
```

- アプリケーションメッセージ通信

```
wolfSSL Entering SSL_write()
wolfSSL Leaving SSL_write(), return 14
wolfSSL Entering wolfSSL_read()
wolfSSL Entering wolfSSL_read_internal()
wolfSSL Leaving wolfSSL_read_internal(), return 22
```

- 切断、リソース解放

```
wolfSSL Entering SSL_shutdown()
wolfSSL Leaving SSL_shutdown(), return 2
wolfSSL Entering SSL_free
wolfSSL Leaving SSL_free, return 0
wolfSSL Entering SSL_CTX_free
wolfSSL Entering wolfSSL_CertManagerFree
wolfSSL Leaving SSL_CTX_free, return 0
wolfSSL Entering wolfSSL_Cleanup
```

10.2 ノンブロッキングモード

　ノンブロッキングモードの場合も、ライブラリのコード自体は同じものが動作します。wolfSSL_connect()関数（の中でwolfSSL_connect_TLSv13()）が呼び出されると、初期状態ではswitch文によりCONNECT_BEGINからSendTls13ClientHello()関数を呼び出し、TLSレコードの送信処理のためSendBuffered()関数を呼び出し、メッセージをバッファリングして正常にリターンします。

　SendTls13ClientHello()関数が正常に終了すると、次の状態としてCLIENT_HELLO_SENTが設定され、ProcessReply()関数（src/internal.c）が呼び出され、その中で最終的にソケットのrecv()関数が呼び出されます。ソケットがノンブロッキングモードであれば、サーバーからの応答メッセージが受信されていなくてもrecv()関数はすぐにリターンします。

　このとき、処理の戻り値としてノンブロッキング処理の戻りであることを示すEWOULDBLOCKが返されます。これは内部的にはエラーコードの1つであるWANT_READと翻訳され、このコードがProcessReply()関数の戻り値として返されます。wolfSSL_connect()内ではこの戻り値を詳細エラーコード

に設定し、関数をエラー終了と同様の戻り値WOLFSSL_FATAL_ERRORでリターンします。

　そのため、wolfSSL_connect()関数を呼び出したアプリケーション側では、関数の戻り値がWOLFSSL_FATAL_ERRORである場合、詳細エラーがWANT_WRITE／WANT_READのいずれかである場合はノンブロッキング処理が正常に戻ったと判定し（場合によってはイベントループなどを経て）繰り返しwolfSSL_connect()関数を呼び出すことになります。

　再び呼び出されたwolfSSL_connect()関数内では、プロトコルの状態がCLIENT_HELLO_SENTになっており、再びProcessReply()関数が呼び出されることになります。何度目かのProcessReply()の呼び出し時にサーバーからの応答メッセージが受信されていれば、ソケットのrecv()関数はそのメッセージを返すのでProcessReplay()内でその内容を解析し、適切なハンドシェイク処理を呼び出します。この場合、DoServerHello()が呼び出されてその処理を正常に完了すると、関数は正常終了の返値とともにリターンします。正常終了なので次の状態に遷移して次の処理が行われます。

　このようにwolfSSL_connect()関数内でメッセージ受信などのブロッキング状態に遭遇するごとに、関数の返値としてはWOLFSSL_FATAL_ERRORが、詳細エラーとしてはWANT_WRITE／WANT_READのいずれかが返されるので、呼び出し側で繰り返しwolfSSL_connect()関数を呼び出すことでプロトコルの状態が進んでいくことになります。最終的にハンドシェイクがすべて完了してFINISHED_DONEの状態まで遷移すると、関数は正常終了を返すのでアプリケーション側はハンドシェイク処理全体が正常に完了したことを知ることができます。

　このようにノンブロッキング処理では、ノンブロッキング処理時の関数の返値としてエラー値を利用し、詳細エラーを判別することで、ブロッキングモードの場合と同じコードでノンブロッキング処理を実現しています。そしてタイムアウトは、ノンブロッキングモード／ブロッキングモードともに、ソケット層もしくはアプリケーション層で実現する必要があります。

暗号化処理

11.1 概要

　ハッシュ／共通鍵暗号／MACなどの実現は、おおむねアルゴリズムごとのソースコードに分かれています。本章では、アルゴリズムの実現例として、共通鍵暗号として広く利用されているAESのアルゴリズムの基本原理とその最適化、公開鍵暗号のベースとなっている大きな整数演算ライブラリの仕組みについて解説します。

11.1.1 ファイル構成

　暗号化処理に関連するファイルを表11.1に示します。

表11.1　暗号化処理に関連するファイル

分類	ファイル	アルゴリズム
ハッシュ	md5.c	MD5
	sha.c	SHA-1
	sha256.c	SHA-256
	sha512.c	SHA-384／512
	sha3.c	SHA-3
共通鍵暗号	arc4.c	RC4
	chacha.c	CHACHA20
	chacha20_poly1305.c	CHACHA20-Poly1305 AEAD
	aes.c	AES
	camellia.c	Cammelia
	des3.c	Triple DES
メッセージ認証	cmac.c	CMAC
	hmac.c	HMAC
	poly1305.c	POLY1305
公開鍵暗号	rsa.c	RSA
	dh.c	ディフィー・ヘルマン（DH）
	ecc.c	ECDH、ECDSAなど
	curve25519.c	ECDH/Curve25519
	curve488.c	ECDH/Curve488
署名	dsa.c	DSA
	ed25519.c	Ed25519
	ed488.c	Ed488
大整数演算	integer.c	オリジナル
	tfm.c	Tom's Fast Math強化版
	sp.c	Single Precision最適化

分類	ファイル	アルゴリズム
その他	pkcs7.c	PKCS #7
	pkcs12.c	PKCS #12
	pwdbased.c	パスワード（PBKDF1/2）
	random.c	乱数

11.2 AESブロック型暗号の実現

　ここでは、AESによるブロック型暗号の実現を例に、その暗号化処理の仕組みを説明します。wolfSSLでは利用モードごとに鍵とIVの管理APIと、暗号化／復号のためのAPIを提供しています。各APIは共通のAES 1ブロックの処理関数を利用してそれぞれの利用モードに対応するAPIを実現しています。

　これらが実際のソースコードでどのように実現されているか見ていきましょう。表11.2にAES-CBC用の主なAPI関数を示します。

表11.2　AES-CBC用の主なAPI関数

利用モード	機能	API
CBC	鍵設定	wc_AesSetKey(Aes* aes, const byte* key, word32 len, const byte* iv, int dir)
	IV設定	wc_AesSetIV(Aes* aes, const byte* iv)
	暗号化	wc_AesCbcEncrypt(Aes* aes, byte* out const byte* in, word32 sz)
	復号	wc_AesCbcDecrypt(Aes* aes, byte* out, const byte* in, word32 sz)

　鍵の拡張は、リスト11.1に示すように、前処理としてwc_AesSetKey()（内部的にはwc_AesSetKeyLocal()）関数の中で行っています。

リスト11.1　鍵の拡張処理

```
/* Software AES - SetKey */
static int wc_AesSetKeyLocal(Aes* aes, const byte* userKey, word32 keylen,
        const byte* iv, int dir, int checkKeyLen)
{

    ～省略～

    switch (keylen) {
    case 16:
```

暗号化処理

```
        while (1)
        {
            temp  = rk[3];
            rk[4] = rk[0] ^
                ((word32)Tsbox[GETBYTE(temp, 2)] << 24) ^
                ((word32)Tsbox[GETBYTE(temp, 1)] << 16) ^
                ((word32)Tsbox[GETBYTE(temp, 0)] <<  8) ^
                ((word32)Tsbox[GETBYTE(temp, 3)]) ^
                rcon[i];
            rk[5] = rk[1] ^ rk[4];
            rk[6] = rk[2] ^ rk[5];
            rk[7] = rk[3] ^ rk[6];
            if (++i == 10)
                break;
            rk += 4;
        }
        break;

    ～省略～

    } /* switch */

    ForceZero(&temp, sizeof(temp));

    ～省略～

    ret = wc_AesSetIV(aes, iv);

    return ret;
}

int wc_AesSetKey(Aes* aes, const byte* userKey, word32 keylen,
    const byte* iv, int dir)
{
    if (aes == NULL) {
        return BAD_FUNC_ARG;
    }
    if (keylen > sizeof(aes->key)) {
        return BAD_FUNC_ARG;
    }

    return wc_AesSetKeyLocal(aes, userKey, keylen, iv, dir, 1);
}
```

　1ブロックの暗号化処理は**wc_AesEncrypt()**関数で行われます。同じ上記のアルゴリズムの実現でも、許される**ROM**サイズのような実装条件によって初期値テーブルのサイズやループを展開するかどうかなどをマクロスイッチで選べるようになっています。

　そのうち最も原理的なバージョンでは、原理どおりの1バイト256エントリの変換テーブルと鍵サイズにより、10～14回のループによって処理を実現しています。そのプログラムを以下に示します。

11.2.1　最も原理的な1ブロックの暗号化処理

　まず、バイト変換用の256エントリの初期値配列**Tsbox**の定義です（リスト11.2）。

リスト11.2　最も原理的な1ブロックの暗号化処理：初期値配列の定義

```
/* バイト変換テーブル */
static const byte Tsbox[256] = {
    0x63U, 0x7cU, 0x77U, 0x7bU, 0xf2U, 0x6bU, 0x6fU, 0xc5U,
    0x30U, 0x01U, 0x67U, 0x2bU, 0xfeU, 0xd7U, 0xabU, 0x76U,
    0xcaU, 0x82U, 0xc9U, 0x7dU, 0xfaU, 0x59U, 0x47U, 0xf0U,
    ～省略～
    0x9bU, 0x1eU, 0x87U, 0xe9U, 0xceU, 0x55U, 0x28U, 0xdfU,
    0x8cU, 0xa1U, 0x89U, 0x0dU, 0xbfU, 0xe6U, 0x42U, 0x68U,
    0x41U, 0x99U, 0x2dU, 0x0fU, 0xb0U, 0x54U, 0xbbU, 0x16U
};
```

　次は、1ブロックのAES暗号化を実際に行う**wc_AesEncrypt()**関数を見ていきます（リスト11.3）。

　ここではまず、前処理としてラウンド鍵と排他的論理和を求めます。そして回転処理に入り、まず1ワード（4バイト）のバイト変換結果を**t0　-　t3**に格納します。このとき、行シフトも考慮して格納します。

　次に、カラムごとのカラム混合（**col_mul**）と結果の排他的論理和、そしてさらにローテート鍵との排他的論理和を求めて、これを1回転分の結果として**s0　-　s3**に戻します。

　これを所定の回転数だけ繰り返し、最後にもう一度ラウンド鍵と排他的論理和を求め、結果とします。

リスト11.3　最も原理的な1ブロックの暗号化処理：wc_AesEncrypt()関数

```
static void wc_AesEncrypt(Aes* aes, const byte* inBlock, byte* outBlock)
{
    ～省略～
    const word32* rk = aes->key;

    r *= 2;
```

```
/* Two rounds at a time */
for (rk += 4; r > 1; r--, rk += 4) {
    t0 =
        ((word32)Tsbox[GETBYTE(s0, 3)] << 24) ^
        ((word32)Tsbox[GETBYTE(s1, 2)] << 16) ^
        ((word32)Tsbox[GETBYTE(s2, 1)] <<  8) ^
        ((word32)Tsbox[GETBYTE(s3, 0)]);
    t1 =
        ～省略～
    t2 =
        ～省略～
    t3 =
        ～省略～

    s0 =
        (col_mul(t0, 3, 2, 0, 1) << 24) ^
        (col_mul(t0, 2, 1, 0, 3) << 16) ^
        (col_mul(t0, 1, 0, 2, 3) <<  8) ^
        (col_mul(t0, 0, 3, 2, 1)       ) ^
        rk[0];
    s1 =
        ～省略～
    s2 =
        ～省略～
    s3 =
        ～省略～
}

t0 =
    ((word32)Tsbox[GETBYTE(s0, 3)] << 24) ^
    ((word32)Tsbox[GETBYTE(s1, 2)] << 16) ^
    ((word32)Tsbox[GETBYTE(s2, 1)] <<  8) ^
    ((word32)Tsbox[GETBYTE(s3, 0)]);
t1 =
    ～省略～
t2 =
    ～省略～
t3 =
    ～省略～
s0 = t0 ^ rk[0];
s1 = t1 ^ rk[1];
s2 = t2 ^ rk[2];
```

```
    s3 = t3 ^ rk[3];

    /* write out */
    XMEMCPY(outBlock,                  &s0, sizeof(s0));
    XMEMCPY(outBlock +     sizeof(s0), &s1, sizeof(s1));
    XMEMCPY(outBlock + 2 * sizeof(s0), &s2, sizeof(s2));
    XMEMCPY(outBlock + 3 * sizeof(s0), &s3, sizeof(s3));

}
```

さらに、カラム混合を行う`col_mul()`関数を見ていきましょう。

カラム混合は対象の4バイトを多項式として要素の排他的論理和を取り、マトリックスの1行目は次のようになります。

$$2 \times a_0{}^3 \times a_1{}^{a_2 a_3}$$

AESの`MixCulmns`では、2倍演算は1ビット左ローテート特定の値の剰余（`0x1b`との論理積AND）なので、これを`AES_XTIME(x)`マクロとして定義します。

```
#define AES_XTIME(x)    ((byte)((byte)((x) << 1) ^ ((0 - ((x) >> 7)) & 0x1b)))
```

つまり、`col_mul()`関数内の処理は次のように変形できます。

$$2 \times a_0{}^2 \times a_1{}^{a_1 a_2 a_3} = 2 \times (a_0{}^{a_1})^{a_2 a_3}$$

以上の内容は、リスト11.4のように記述されています。

リスト11.4　最も原理的な1ブロックの暗号化処理：col_mul()関数

```
/* カラム混合 */
#define GETBYTE(x, y) (word32)((byte)((x) >> (8 * (y))))

static word32 col_mul(word32 t, int i2, int i3, int ia, int ib)
{
    byte t3 = GETBYTE(t, i3);
    byte tm = AES_XTIME(GETBYTE(t, i2) ^ t3);

    return GETBYTE(t, ia) ^ GETBYTE(t, ib) ^ t3 ^ tm;
}
```

11.3　AES暗号化の最適化

ここからは、AESの最適化について見ていきましょう。最適化は主に次の2つで実現します。

1. あらかじめ計算できる部分を計算し拡張した変換テーブルを利用
2. ループも展開し、ブランチを排除する

リスト11.5は、最適化用のバイト変換テーブルを示したものです。このように4面、1ワード（4バイト）による表（フルテーブル）を用意することにより、一度で4バイト単位のバイト変換／行シフトを行い、カラム混合の処理につなぐことができます。

リスト11.5　最適化用のバイト変換テーブル

```
static const FLASH_QUALIFIER word32 Te[4][256] = {
{
    0xc66363a5U, 0xf87c7c84U, 0xee777799U, 0xf67b7b8dU,
    0xfff2f20dU, 0xd66b6bbdU, 0xde6f6fb1U, 0x91c5c554U,

    ～省略～

    0x824141c3U, 0x299999b0U, 0x5a2d2d77U, 0x1e0f0f11U,
    0x7bb0b0cbU, 0xa85454fcU, 0x6dbbbbd6U, 0x2c16163aU,
},
{
    0xa5c66363U, 0x84f87c7cU, 0x99ee7777U, 0x8df67b7bU,
    0x0dfff2f2U, 0xbdd66b6bU, 0xb1de6f6fU, 0x5491c5c5U,

    ～省略～

    0xc3824141U, 0xb0299999U, 0x775a2d2dU, 0x111e0f0fU,
    0xcb7bb0b0U, 0xfca85454U, 0xd66dbbbbU, 0x3a2c1616U,
},
{
    0x63a5c663U, 0x7c84f87cU, 0x7799ee77U, 0x7b8df67bU,
    0xf20dfff2U, 0x6bbdd66bU, 0x6fb1de6fU, 0xc55491c5U,

    ～省略～
```

```
    0x41c38241U, 0x99b02999U, 0x2d775a2dU, 0x0f111e0fU,
    0xb0cb7bb0U, 0x54fca854U, 0xbbd66dbbU, 0x163a2c16U,
},
{
    0x6363a5c6U, 0x7c7c84f8U, 0x777799eeU, 0x7b7b8df6U,
    0xf2f20dffU, 0x6b6bbdd6U, 0x6f6fb1deU, 0xc5c55491U,

    ～省略～

    0x4141c382U, 0x9999b029U, 0x2d2d775aU, 0x0f0f111eU,
    0xb0b0cb7bU, 0x5454fca8U, 0xbbbbd66dU, 0x16163a2cU,
}
};
```

　図11.1は、この変換表を使うことによる最適化の効果を示したものです。この図はARM Cortex Aを例に、AES-CBCの場合の1秒あたりの処理メッセージのバイト数の相対比較を、8ビット表（各項目右）と1ワードのフルテーブルを使ってループ処理した場合（各項目中央）とループを展開した場合（各項目左）について示しています。グラフを見るとわかるように、フルテーブルを使用する効果が大きいことがわかります。

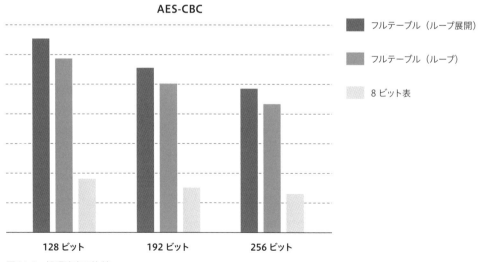

図11.1　処理速度の比較

263

　一方、それら3つの条件でのコードサイズについて図11.2のグラフで比較します。このように、AES
の最適化は処理速度とコードサイズのトレードオフが実現されていることがわかります。

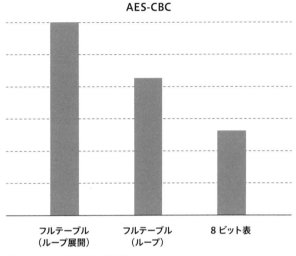

AES-CBC

フルテーブル　　　　フルテーブル　　　　8ビット表
（ループ展開）　　　（ループ）

図11.2　コードサイズの比較

11.4　公開鍵暗号

　公開鍵暗号処理は、ベースとなる大きな整数演算を実現する整数ライブラリと、それを利用してRSA
や楕円曲線の基本的なアルゴリズムを実現する層、その上で証明書など複合的な機能を提供する層とい
う3階層で構成されています。そうして公開鍵アルゴリズム層は、RSA暗号、復号、DH、署名などのア
ルゴリズムごとに、目的の関数を提供します。

11.4.1　整数ライブラリ層

　整数ライブラリ層は当初オリジナルの整数ライブラリ（integer.c）として実現されましたが、その
後、パブリックドメインのTom's Fast Mathをベースに独自に強化した整数ライブラリ（TFM：Fast
Math）が使用されてきました（図11.3）。

図11.3　公開鍵機能の構成

　Chapter 3で紹介したように、公開鍵暗号アルゴリズムは比較的単純な整数演算によって実現できます。アルゴリズム実現上の課題の1つは、単純な実現では「冪乗剰余演算で巨大な整数を扱わなければならなくなり、それに伴った乗算／剰余算の回数が巨大になる」点です。

　冪乗の剰余演算の整数のサイズや回数の縮小には複数の手法が知られていますが、wolfSSLライブラリではChapter 3で紹介したモンゴメリリダクションをベースとした方式を採用しています。これにより、演算に必要な整数のサイズは目的とする鍵のサイズの2倍に抑えることができ、処理時間のかかる剰余演算は乗算に置き換えることができます。こうした最適化によって、実用的な公開鍵の処理が可能となっています。

　これらのライブラリは任意長の整数（MP：Multiple Precision）を処理することができます。これに対し、処理対象の整数長を特定のサイズに限定することでさらに大きな処理最適化が可能です。このように特定整数長の処理に最適化したライブラリを、wolfSSLでは特定整数長（SP：Single Precision）ライブラリと呼んでいます。SPライブラリの対応する鍵長は当初、RSAが2048ビット、ECCが256ビットなど、最も一般的に使用される鍵長のみに限られていましたが、現在ではそのサポート範囲はRSAが3072／4096ビット、ECCが384／512ビットなどに拡張されています。

11.4.2　SP最適化

　それでは、wolfSSLで実現されているSP（Single Precision）最適化について紹介します。SP最適化ではTFMと同様に、二分法による乗算数の削減や、モンゴメリ乗算による剰余演算の削減に加えて、計算長が固定であることを利用した最適化を実現します。

　その概要は以下のとおりです。

　まず乗算を、演算しようとしている整数の半分の桁の乗算の組み合わせに展開します。そしてその乗

算をさらに半分の乗算の組み合わせに展開します。こうして最後に、十分短い乗算のアルゴリズムを展開した形で書き下しています。SPでは、これらの部分乗算のための関数はすべてC言語の**static**な関数として定義し、C言語コンパイラーの最適化機能を使って乗算全体を展開しています。

また、上記の乗算の展開にあたっては、以下のようなアルゴリズムを用います。

まず1つの掛け算 $x \times y$ は、x の上位を x_1、下位を x_0、y の上位を y_1、下位を y_0、桁数の半分を b とすると、$x_0 y_0 + x_1 y_0 b + x_0 y_1 b + x_1 y_1 bb$ という4回の乗算によって計算することができます。

カラツバ法という多倍長乗算の乗算アルゴリズムを使うことで、乗算の回数を4分の3にできることが知られています。この方法を用いて、次のように3回の乗算で求めることができます。

$$z_2 = x_1 y_1$$
$$z_0 = x_0 y_0$$
$$z_1 = x_1 y_0 + x_0 y_1$$
$$z_1 = z_2 + z_0 - (x_1 - x_0)(y_1 - y_0)$$

図11.4に、SP最適化の構造をTFMとの比較で示します。

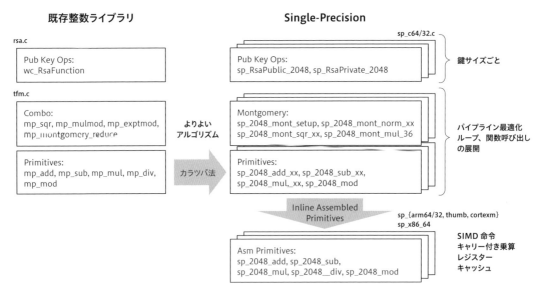

図11.4　SP最適化の構造

最上位のRSAプリミティブを実現する**wc_RsaFunction()**関数は、従来のTFMとSP最適化の共通の入り口です。**wc_RsaFunction()**関数内部の処理は、公開鍵系の演算と、プライベート鍵系を実現するそれぞれの関数に分かれています。それらの関数は鍵サイズごとに**sp_RsaPublic_xxxx()**または

sp_RsaPrivate_*xxxx*()のような命名（*xxxx*は鍵サイズ）として、個別に定義されています。

　sp_RsaPublic_*xxxx*()およびsp_PsaPrivate_*xxxx*()関数内では、モンゴメリ乗算のための関数（モンゴメリ変換／乗算など）を呼び出し、RSAのための冪乗剰余演算を行います。その際、プリミティブとして用意されている乗算その他の演算関数を適宜呼び出します。

　このようにして組み立てられたSP最適化のロジックは、32ビットと64ビットアーキテクチャ用のC言語プログラムとしてそれぞれに最適化した形で記述されています。

　さらに、それらの処理に対し、Intel系／ARM系など、代表的アーキテクチャ向けの最適化を実現するためのアセンブラ層も用意されています。アセンブラ層ではC言語では利用できないSIMD系などの命令セット、レジスターキャッシュの有効活用などが図られています。

11.4.3　プログラム

　それでは実際に、C言語でのSP最適化について見ていきましょう。ここでは比較的構造の単純なRSAの処理について詳しく見ていきますが、楕円曲線暗号の場合もほぼ同様の手法で最適化されています。

　RSAプリミティブ（wc_RsaFunction()関数）は、先述のようにSP最適化の場合sp_RsaPublic_*xxxx*()やsp_RsaPrivate_*xxxx*()という関数として実装されています。これらの関数内では、公開鍵処理の場合、二分法で掛け算数を最小化し、2乗を繰り返します。その際、該当ビットが1になったら剰余演算を行いますが、モンゴメリリダクションにより剰余演算を乗算で実現しています（公開鍵処理の最適化手法の原理については3.6節を参照）。

　二分法による冪乗剰余演算の処理時間は鍵値により大幅に異なるため、一般的にはサイドチャネル攻撃に注意する必要がありますが、ここでは公開鍵なのでその必要はありません。

　リスト11.6に、2048ビット向け関数であるsp_RsaPublic_2048()の主要部分を示します。forループで冪乗数の二進法の桁ごとに2乗を繰り返します。該当桁が1になった場合は剰余演算（モンゴメリ乗算）を行っています。

リスト11.6　sp_c64.c

```
int sp_RsaPublic_2048( ... )
{
      sp_2048_from_mp(m, 36, mm);
      sp_2048_mont_setup(m, &mp);
      sp_2048_mont_norm_36(norm, m);

      XMEMCPY(r, a, sizeof(sp_digit) * 36 * 2);
      for (i--; i>=0; i--) {
          sp_2048_mont_sqr_36(r, r, m, mp);
```

```
        if ((((e[0] >> i) & 1) == 1) {
            sp_2048_mont_mul_36(r, r, a, m, mp);
        }
    }
    sp_2048_mont_reduce_36(r, m, mp);
    mp = sp_2048_cmp_36(r, m);
    sp_2048_cond_sub_36(r, r, m, ((mp < 0) ?
                (sp_digit)1 : (sp_digit)0)- 1);


    sp_2048_to_bin(r, out);
    *outLen = 256;
}
```

SPの乗算は**sp_*xxxx*_mul_*yy*()**（*xxxx*は鍵長、*yy*は乗算バイト数）という名前の各関数で実現しています。乗算はカラツバ法により、半分の桁の掛け算を3回で実現しています（リスト11.7）。

リスト11.7　sp_c64.c

```
SP_NOINLINE static void sp_2048_mul_36(sp_digit* r, const sp_digit* a, const sp_digit* b)
{
    sp_digit* z0 = r;
    sp_digit z1[36];
    sp_digit* a1 = z1;
    sp_digit b1[18];
    sp_digit* z2 = r + 36;
    (void)sp_2048_add_18(a1, a, &a[18]);
    (void)sp_2048_add_18(b1, b, &b[18]);
    sp_2048_mul_18(z2, &a[18], &b[18]);
    sp_2048_mul_18(z0, a, b);
    sp_2048_mul_18(z1, a1, b1);
    (void)sp_2048_sub_36(z1, z1, z2);
    (void)sp_2048_sub_36(z1, z1, z0);
    (void)sp_2048_add_36(r + 18, r + 18, z1);
}
```

sp_2048_mul_36()は**sp_2048_mul_18()**を、**sp_2048_mul_18()**は**sp_2048_mul_9()**を呼び出し、**sp_2048_mul_9()**では処理全体が展開した状態で記述されています（リスト11.8）。

リスト11.8　sp_c64.c

```
SP_NOINLINE static void sp_2048_mul_9(sp_digit* r, const sp_digit* a, const sp_digit* b)
{
    sp_uint128 t0   = ((sp_uint128)a[ 0]) * b[ 0];
    sp_uint128 t1   = ((sp_uint128)a[ 0]) * b[ 1]
                    + ((sp_uint128)a[ 1]) * b[ 0];
    sp_uint128 t2   = ((sp_uint128)a[ 0]) * b[ 2]
                    + ((sp_uint128)a[ 1]) * b[ 1]
                    + ((sp_uint128)a[ 2]) * b[ 0];

    ～省略～

    sp_uint128 t15  = ((sp_uint128)a[ 7]) * b[ 8]
                    + ((sp_uint128)a[ 8]) * b[ 7];
    sp_uint128 t16  = ((sp_uint128)a[ 8]) * b[ 8];

    t1   += t0  >> 57; r[ 0] = t0  & 0x1fffffffffffffffL;
    t2   += t1  >> 57; r[ 1] = t1  & 0x1fffffffffffffffL;

    ～省略～

    t16  += t15 >> 57; r[15] = t15 & 0x1fffffffffffffffL;
    r[17] = (sp_digit)(t16 >> 57);
                       r[16] = t16 & 0x1fffffffffffffffL;
}
```

　一方、プライベート鍵の場合は、サイドチャネル攻撃に対処するため処理時間を一定化する必要があります。次に示す**sp_RsaPrivate_2048()**関数（リスト11.9）と**sp_2048_mod_exp_18()**関数（リスト11.10）の例でわかるように、すべてに関して剰余演算を（モンゴメリ乗算にて）行います。

リスト11.9　sp_c64.c

```
int sp_RsaPrivate_2048(const byte* in, word32 inLen, const mp_int* dm,
    const mp_int* pm, const mp_int* qm, const mp_int* dpm, const mp_int* dqm,
    const mp_int* qim, const mp_int* mm, byte* out, word32* outLen)
{

    ～省略～

    err = sp_2048_mod_exp_18(tmpa, a, dp, 1024, p, 1);
```

269

```
    ~省略~

}
```

リスト11.10　sp_c64.c

```
static int sp_2048_mod_exp_18(sp_digit* r, const sp_digit* a, const sp_digit* e,
    int bits, const sp_digit* m, int reduceA)
{
    ~省略~

    sp_2048_mont_setup(m, &mp);
    sp_2048_mont_norm_18(norm, m);

    ~省略~

    sp_2048_mont_sqr_18(t[ 2], t[ 1], m, mp);
    sp_2048_mont_mul_18(t[ 3], t[ 2], t[ 1], m, mp);
    sp_2048_mont_sqr_18(t[ 4], t[ 2], m, mp);
    sp_2048_mont_mul_18(t[ 5], t[ 3], t[ 2], m, mp);
    sp_2048_mont_sqr_18(t[ 6], t[ 3], m, mp);
    sp_2048_mont_mul_18(t[ 7], t[ 4], t[ 3], m, mp);
    sp_2048_mont_sqr_18(t[ 8], t[ 4], m, mp);
    sp_2048_mont_mul_18(t[ 9], t[ 5], t[ 4], m, mp);
    ~省略~
    sp_2048_mont_mul_18(t[29], t[15], t[14], m, mp);
    sp_2048_mont_sqr_18(t[30], t[15], m, mp);
    sp_2048_mont_mul_18(t[31], t[16], t[15], m, mp);

    ~省略~
}
```

11.4.4 性能比較

　それでは最後に、TFM、C言語によるSP、アセンブラ化SPそれぞれの処理性能の相対比較を示します（図11.5）。この例では、ECDHによる鍵合意、ECDSAによる署名処理について比較していますが、いずれの処理も、従来のTFMに比べ数倍から10倍程度も処理速度が向上していることがわかります。さらにアセンブラの場合、特にSIMD命令によって処理速度が大きく改善されます。

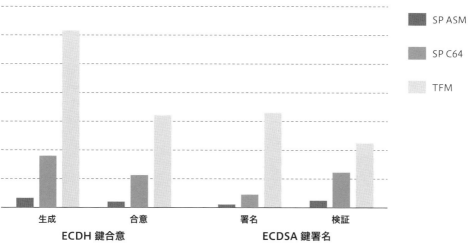

図11.5 ECDH/ECDSAの処理時間比較

　一方、SP最適化では従来方式に比べ、コードサイズが大きくなる点に注意が必要です。従来方式と異なり、使用する鍵長の種類、組み合わせによってコードサイズが異なります（図11.6）。グラフはRSAの場合のコードサイズ比較を示していますが、SPモードの場合、共通部の他に、鍵長ごとの処理部分がサイズに加わります。C言語によるプログラムの場合、鍵長ごとのロジック部分も最適化によって共通部分が削減されるため、アセンブラによる実現よりもサイズを圧縮することができます。

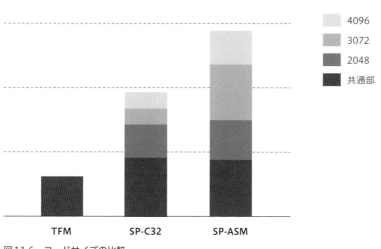

図11.6 コードサイズの比較

TLSライブラリの構造　Part 3

Chapter

12

プラットフォーム
依存部

12.1 概要

　プロトコルライブラリのように幅広い用途で使用されるライブラリは、多様なプラットフォーム環境で動作することが求められます。

　プラットフォームの多様性の第1のファクターはプロセッサーでしょう。今日、多様な動作環境やシステム要件に対応するためにさまざまなプロセッサーアーキテクチャやプロセッサーチップが使用されています。これらに幅広く対応できるようにするためには、C言語コンパイラーが強力な道具となります。

　C言語は今日のほとんどのプロセッサー向けにサポートされています。wolfSSLのコードはすべてがいったんC言語によって記述してあるため、32ビット以上のプロセッサーであればアーキテクチャによらずほとんどのプロセッサーで動作させることができます。

　しかし、wolfSSLのようなプロトコルライブラリが組み込まれる現実的なシステムでは、単にC言語で記述しただけでは対応できないさまざまなシステム固有の依存部分を抱えています。図12.1はwolfSSLのプラットフォーム依存部について示しています。本節ではそうしたプラットフォーム依存部分について解説します。

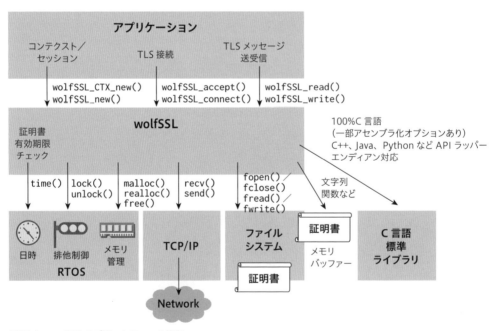

図12.1　wolfSSLのプラットフォーム依存

wolfSSLがサポートする主なプラットフォーム向けのオプションについては、付録3を参照してください。

表12.1にプラットフォーム依存部と対応するソースファイルをまとめます。

表12.1　プラットフォーム依存部のソースファイル

依存部種別	ファイル名
排他制御	wc_port.c
ファイルシステム	wc_port.h
ネットワーク	wolfio.c
実時間時計	wc_port.h
ヒープメモリ	types.h、memory.c
乱数シード	random.c

12.2　スレッド／タスク排他制御

　プロトコルライブラリのように、アプリケーションが複数のスレッド（またはタスク）で並列に動作し、ライブラリを共有する場合が多々あります。そのような場合にスレッド／タスク間で競合を起こさないように、ライブラリ内の並列処理に対して適切な排他制御を行う必要があります。

　wolfSSLでは、ライブラリの設計ポリシーとして、アプリケーションとしてこのような並列処理をSSLコンテクスト／SSLセッションごとに分けることを義務付けています。つまり同一のSSLコンテクスト、あるいは同一のSSLセッションは単一のスレッドやタスクに所属する必要があります。ライブラリとしては異なるコンテクストあるいはセッション間のスレッド／タスク安全性を保証しています。

　この安全性を実現するためにライブラリ内で適宜排他制御を行う必要がありますが、排他制御の方法は各OSによって異なります。wolfSSLではpthreadをデフォルトとしているので、汎用OS上ではこれを利用するのが一番簡単です。pthreadを使用しないRTOSでは、ライブラリビルド時のオプションによりプラットフォームの種別を指定します。

　コンフィグレーションオプションで直接サポートされないプラットフォームでは、独自排他制御オプション（WOLFSSL_USER_MUTEX）を指定し、排他制御の初期化、解放、ロック、アンロックのAPIラッパーを定義します。ユーザーは定義した簡単なラッパー関数の中で、独自排他制御のAPIを呼び出すようにします（表12.2）。

プラットフォーム依存部

表12.2　排他制御に関するラッパー関数

機能	ラッパー関数
初期化	wc_InitMutex(wolfSSL_Mutex* m)
解放	wc_FreeMutex(wolfSSL_Mutex *m)
ロック	wc_LockMutex(wolfSSL_Mutex *m)
アンロック	wc_UnLockMutex(wolfSSL_Mutex *m)

　アプリケーションとライブラリが非RTOS（ベアメタル）で動作する場合や、単一のスレッドまたはタスクだけで動作する場合は排他制御の必要はありません。そのような場合はライブラリ内で排他制御を行わない単一スレッド（SINGLE_THREADED）オプションを指定します。

12.3　ファイルシステム

　wolfSSLでは、証明書の保管場所として主にファイルシステムを使用します。デフォルトはPOSIX APIによってファイルのオープン、クローズ、読み出し、書き込みなどを行います。プラットフォームがPOSIX以外のAPIを提供している場合には、コンフィグレーションオプションで指定します。オプションにより直接サポートされていないプラットフォームの場合は、ファイルのオープン、クローズ、読み出し、書き込みなどのAPIを個別にマクロ定義することも可能です（表12.3）。その場合、ユーザー独自ファイルシステムオプション（WOLFSSL_USER_FILESYSTEM）を指定します。

表12.3　ファイルシステム関連のマクロ定義名

機能	マクロ名
ディスクリプター	XFILE()
オープン／クローズ	XFOPEN()／XFCLOSE()
読み出し／書き込み位置	XFSEEK()、XFTELL()、XREWIND()、XSEEK_END()
読み出し／書き込み	XFREAD()／XFWRITE()

 サポートされているプラットフォームとマクロ名は、付録を参照してください。

　組み込みシステムにはファイルシステムを持たないものも多数あります。そのような使用条件のために、wolfSSLでは証明書関係のAPIとして各機能ごとにファイルシステムを使用する場合とファイルシステムを使用しない場合の2種類のAPIを提供しています。ファイルシステムを使用しない場合は、ファイルイメージと同じものをメモリバッファー上に置き、そのポインターとサイズを渡します。各APIの命名は、例えばwolfSSL_load_verify_locations()に対してはwolfSSL_load_verify_buffer()のように、wolfSSL_*xxx*()に対してwolfSSL_*xxx*_buffer()という命名規則になっています。各機能に対応したAPIを表12.4にまとめます。

表12.4　ファイルシステムの使用／不使用に応じた証明書関係のAPI

役割	機能	指定単位	ファイルシステム使用	ファイルシステム不使用
証明側	CA証明書ロード	コンテクスト	wolfSSL_CTX_load_verify_location()	wolfSSL_CTX_load_verify_buffer()
認証側	ノード証明書ロード	コンテクスト	wolfSSL_CTX_use_certificate_file()	wolfSSL_CTX_use_certificate_buffer()
		セッション	wolfSSL_use_certificate_file()	wolfSSL_use_certificate_buffer()
	秘密鍵ロード	コンテクスト	wolfSSL_CTX_use_certificate_file()	wolfSSL_CTX_use_certificate_buffer()
		セッション	wolfSSL_use_certificate_file()	wolfSSL_use_certificate_buffer()

　これらの関数を使用してTLS通信を実装する方法については、Part 2のプログラム例を参照してください。

12.4 ネットワーク

　TLSプロトコルの下位プロトコルとしては、TCP/IPに代表される「トランザクションの安定性が保証されたプロトコル」が仮定されています。wolfSSLでは、このレイヤーへのアクセスAPIとしてデフォルトでBSDソケットを使用します。それ以外を提供するプラットフォームを使用する場合はコンフィグレーションオプションで適切なオプションを指定します。

　プラットフォームがサポートされていない場合は、独自メッセージI/Oオプション（WOLFSSL_USER_IO）を指定し、実行時にメッセージ送受信のためのコールバック関数を登録します。具体的な使用方法についてはPart 2のプログラム例を参照してください。

12.5 実時間時計

　wolfSSLでは、主に証明書の有効期限のチェックに実時間時計を使用します。デフォルトではtime()関数によるUNIX Epoch Timeを使用しますが、独自の関数を使用する場合は独自時計オプション（USER_TIME）を指定することができます。

　wolfSSLライブラリにおいて、全体としてはアプリケーションがワード長依存を意識することはほとんどありませんが、UNIX Epoch Timeはデフォルトでは32ビット整数のため2038年にオーバーフローします。そのため、32ビットアーキテクチャの場合はUNIX Epoch Timeのtime_t型を64ビット整数となるように定義しなければいけません。その場合は、独自time_t型オプション（HAVE_TIME_T_TYPE）を指定して、time_t型をtypedefで定義します。

12.6 ヒープメモリ管理

　デフォルトではmalloc()／free()／realloc()関数により、可変長のヒープ領域の確保／解放を行います。その際プラットフォーム独自のAPIを使用する場合は、独自mallocオプション（XMALLOC_USER）を指定して表12.5に挙げる各マクロを定義します。

表12.5　ヒープメモリ関連のマクロ定義名

機能	マクロ
確保	XMALLOC(size. heap, type)
解放	XFREE(p, heap, type)
再確保	XREALLOC(p, size, heap, type)

　組み込み向けのプラットフォームの中には、可変長のヒープ領域をサポートしていないものがあります。そのような場合には、コンフィグレーションオプション（WOLFSSL_STATIC_MEMORY）を指定することにより、静的なメモリバッファー領域をライブラリに登録してそれを可変長ヒープ領域として管理させることができるようになっています。ただし、このオプションで使用できるライブラリ機能にはある程度の制約がある点に注意が必要です。

12.7 真性乱数、乱数シード

wolfSSLでは質の高い真性乱数を生成できるように、アプリケーションやTLSのプロトコル処理から呼び出す乱数生成関数RNG_GenerateBlock()／RNG_GenerateByte()はプラットフォーム依存の乱数シード値を一定周期（RESEED_INTERVAL）ごとに得て、それをもとにSHA-256のHash-DRBGによる疑似乱数生成を行うことで乱数値を得ています[1]。SHA-256によるHash-DRBGは256ビットの乱数に対して2^{48}程度の周期を保証できることが知られているため、RESEED_INTERVALの値は32ビットワードの、十分大きな切りがよい数値として定義され、デフォルトでは1000000とされています。

シード生成はwc_GenerateSeed()関数で行いますが、この乱数は真性乱数でなければなりません。Chapter 3で述べたように、真性乱数の生成には、原則としてOSの提供する乱数生成機能やMCUなどハードウェアの提供する機能を利用すべきです。

wolfSSLでは、コンフィグレーションオプションの指定により、例えばLinux系OSの乱数デバイス（/dev/random）のように代表的OSの乱数生成機能や、MCUの持つ乱数生成機能などに対応する適切なwc_GenerateSeed()関数が選択されるようになっています。どうしても自製する場合は十分注意して実現する必要があります。注意点については、3.2節を参照してください。

---

[1] Table 2, NIST SP 800-90A Recommendation for Random Number Generation Using Deterministic RBGs

プログラミング
サポート機能と
ツール

Appendix

ここでは、wolfSSLライブラリを使ったTLSプログラミングの際に利用できるサポート機能、ツールなどについて紹介します。

A.1　サンプルプログラム

　ライブラリを使ったサンプルプログラムは本書で多数紹介してきましたが、wolfSSL自体にも以下の基本的なサンプルプログラムが含まれており、これらを参照してアプリケーションを作成することができます。また、ベンチマークやテスト時に利用できるプログラムもここに含まれています。これらのサンプルプログラムは、Chapter 9で紹介したライブラリのビルド手順により、ライブラリと同時に、実行可能な形で生成されます。

表A.1　wolfSSLライブラリに含まれるサンプルプログラム

機能	ファイル名	説明
単体テスト	wolfcrypt/test/test.c	暗号アルゴリズムごとの単体テスト。新しい環境や組み込みターゲット環境などのテストに使用
ベンチマーク（暗号アルゴリズム）	./wolfcrypt/benchmark/benchmark.c	暗号アルゴリズムごとのベンチマークプログラム
ベンチマーク（TLS）	examples/benchmark/tls_bench.c	TLSプロトコルのベンチマーク
echoserver echoclient	examples/echoserver/echoserver.c examples/echoclient/echoclient.c	1往復の簡単なTLSメッセージ通信を行うサーバー／クライアント
server client	examples/server/server.c examples/client/client.c	対向テストのためのサーバー／クライアントおよび各種コマンドオプション機能

　表A.2および表A.3に、対向テスト用のサンプルクライアント／サーバーで指定できるコマンドラインオプションをまとめます。

表A.2 対向テスト用のサンプルクライアント（examples/client/client）のコマンドラインオプション

オプション	説明
-? num	ヘルプ（使い方を表示）。0：英語、1：日本語
-h host	接続先ホスト。既定値は127.0.0.1
-p num	接続先ポート。0は無効。既定値は11111
-v num	SSLバージョン。0（SSLv3）～4（TLS 1.3）で指定。既定値は3
-V	有効なSSLバージョン番号を出力。0（SSLv3）～4（TLS 1.3）
-l str	暗号スイートリスト。区切り文字は「:」
-c file	証明書ファイル。既定値はcerts/client-cert.pem
-k file	鍵ファイル。既定値はcerts/client-key.pem
-A file	認証局ファイル。既定値はcerts/ca-cert.pem
-Z num	最小ディフィー・ヘルマン鍵ビット。既定値は1024
-b num	ベンチマーク。num個の接続を行い、結果を出力する
-B num	numバイトを用いたベンチマーク／スループットの測定を行い、結果を出力する
-d	ピア確認を無効にする
-D	日付エラー用コールバック例の上書きを行う
-e	利用可能なすべての暗号スイートをリストする
-g	サーバーへHTTP GETを送信
-u	UDP DTLSを使用する。-v 2を追加指定するとDTLSv1、-v 3を追加指定するとDTLSv1.2（既定値）
-m	証明書内のドメイン名一致を確認する
-N	ノンブロッキングソケットを使用する
-r	セッションを継続する
-w	双方向シャットダウンを待つ
-M prot	STARTTLSを使用し、protプロトコル（smtp）を使用する
-f	より少ないパケット／グループメッセージを使用する
-x	クライアントの証明書／鍵のロードを無効にする
-X	外部テストケースにより動作する
-j	コールバックオーバーライドの検証を使用する
-n	マスターシークレット拡張を無効にする
-H arg	内部テスト。defCipherList、exitWithRet、verifyFail、useSupCurve、loadSSL、disallowETMを指定可能
-J	Hello Retry Requestを鍵交換のグループ選択に使用する
-K	鍵交換にPSKを使用、(EC)DHEは使用しない
-I	データ送信前に鍵とIVを更新する
-y	FFDHE名前付きグループとの鍵共有のみ
-Y	ECC名前付きグループとの鍵共有のみ
-1 num	指定された言語で結果を表示する。0：英語、1：日本語

表A.3 対向テスト用のサンプルサーバー（examples/server/server）のコマンドラインオプション

オプション	説明
-? num	ヘルプ（使い方を表示）。0：英語、1：日本語
-p num	接続先ポート。0は無効。既定値は11111
-v num	SSLバージョン。0（SSLv3）～4（TLS 1.3）で指定。既定値は3
-l str	暗号スイートリスト。区切り文字は「:」
-c file	証明書ファイル。既定値はcerts/server-cert.pem
-k file	鍵ファイル。既定値はcerts/server-key.pem
-A file	認証局ファイル。既定値はcerts/client-cert.pem
-R file	外部モニタ用の準備完了ファイルを作成する。既定値なし
-D file	ディフィー・ヘルマンのパラメータファイル。既定値はcerts/dh2048.pem
-Z num	最小ディフィー・ヘルマン鍵ビット。既定値は1024
-d	クライアント認証を無効とする
-b	ローカルホスト以外のインターフェースへもバインドする
-s	事前共有鍵を使用する
-u	UDP DTLSを使用する。-v 2を追加指定するとDTLSv1、-v 3を追加指定するとDTLSv1.2（既定値）
-f	より少ないパケット／グループメッセージを使用する
-r	クライアントの再開を許可する
-N	ノンブロッキングソケットを使用する
-S str	ホスト名表示を使用する
-w	双方向シャットダウンを待つ
-x	サーバーエラーを出力するが接続を切断しない
-i	無期限にループする（繰り返し接続を許可）
-e	エコーデータモード（受け取ったバイトデータを返す）
-B num	numバイトを用いたベンチマーク／スループットの測定を行い、結果を出力する
-g	基本的なWebページを返す
-C num	アクセプト可能な接続数を指定する。既定値は1
-U	データ送信前に鍵とIVを更新する
-K	鍵交換にPSKを使用、(EC)DHEは使用しない
-y	FFDHE_2048のみを使用して鍵共有を事前生成する
-Y	P-256のみを使用して鍵共有を事前生成する
-T	セッションチケットを生成しない
-2	DHパラメータチェックを無効化。サブオプション：「なし」TLS 1.3のみ。「a」すべてのプロトコルバージョン。「o」TLS 1.2以下。「n」TLS 1.3のみ
-F	相互認証でない場合、アラートを送出

App
プログラミングサポート機能とツール

283

A.2 デバッグメッセージ

　wolfSSLは内部でのデバッグログを標準エラー出力に出力させるオプションを用意しています。この機能を有効にするためには、wolfSSLをビルドする際に`DEBUG_WOLFSSL`マクロを指定するか、`--enable-degub`オプションを与えておく必要があります。さらに、実行時にプログラム中から`wolfSSL_Debugging_ON()`関数を呼び出して出力を許可します。また、プログラム中でログ出力を停止したい場合は`wolfSSL_Debugging_OFF()`関数を呼び出してログ出力を停止することもできます。

　デバッグメッセージは、デフォルトでは標準エラー出力に出力されます。標準出力に出力したい場合は、コンフィグレーションオプションに`WOLFSSL_LOG_PRINTF`を指定します。

　また、組み込み環境などでターミナルなどにメッセージを出力できない場合や、特別に確保したメモリーバッファーに出力したい場合、独自のヘッダーを付加したり独自のフォーマットで出力したりしたい場合などは、ユーザー独自の出力関数を定義して使用することができます。その場合は、以下のようにマクロ名の`WOLFSSL_USER_LOG`でユーザー独自関数の名前を定義します。また、この関数は出力すべきメッセージを文字列として引数で受け取るようにします。

```
#define WOLFSSL_USER_LOG myPrint

int myPrint(char *msg);
```

A.3 TLSレコードの復号

　TLSメッセージはWireSharkなどのパケットキャプチャアプリケーションを使うことでネットワークパケットとして取得／解析できますが、その際、TLSパケットの内容は暗号化されています。

　OpenSSLやwolfSSLなどのTLSライブラリでは、パケットの復号に必要な情報をファイルとして出力するための手段を提供しています。パケットキャプチャアプリケーションにこのファイルを設定することにより、パケットを復号して表示させることができます。復号されるパケットはTLSのハンドシェイクパケットだけでなく、ハンドシェイク後のアプリケーションデータも含まれます。

A.3.1 wolfSSLのビルド

wolfSSLのKeyLogファイル機能を使用するために、以下のようなオプションを追加して再ビルドします。使用終了後は、通常オプションに戻して再ビルドし、元に戻します。この機能は、安全のため通常時には使用しないようにしてください。

```
$ ./configure ...通常のオプション... CFLAGS=-DHAVE_SECRET_CALLBACK
$ make
```

A.3.2 KeyLogファイルパスの定義

KeyLogファイルを使用するには、コールバック関数の実装が必要です。

本書サンプルデータのexamples/include/example_common.hに、以下のようなKeylogコールバック関数の実装例を用意しています。

```
static void MyKeyLog_cb(const SSL* ssl, const char* line) {
    ～省略～
}
```

続いて、次の2行をアプリケーション内の先頭付近に追加し、コールバック関数を利用できるようにします。本サンプルでは、インクルード文の直前の#defineによって、Keylogコールバック関数が有効になります。

```
#define SSLKEYLOGFILE  "./MyKeyLog.txt"
#include "example_common.h"
```

A.3.3 KeyLogコールバック関数の登録

プログラム側では以下のように、有効になったKeyLogコールバック関数をライブラリに登録します。

```
SSL_CTX_set_keylog_callback(ctx, MyKeyLog_cb);
```

プログラムの実行にともない、KeyLogファイルが作成されて内容が追記されていきます。したがっ

て、そのままではファイルは大きくなり続けるため、適宜KeyLogファイルの内容を切り詰めるか、ファイルを削除しましょう。

▣ A.3.4 KeyLogファイルのWireSharkへの登録

WireSharkを起動したら、メニューバーから［編集］→［設定］→［Protocols］→［TLS］を選択すると、Transport Layer Security設定画面になります。この画面の一番下に［(Pre)-Master-Secret log filename］設定欄があるので、［Browse...］ボタンを押して、先述のKeyLogファイルを指定します。

▣ A.3.5 データの復号と表示

ハンドシェイクとアラートメッセージは、パケットの概要ペインや個別パケット表示のペインにデフォルトで復号されます。一方、アプリケーションデータは最下ペインに表示される16進／ASCII文字列で内容を確認することになります。その際、そのペインのさらに下に［Frame］タブと［Decrypted TLS］タブが存在しています。デフォルトでは［Frame］タブが選択されており、暗号化されたデータが表示されています。復号されたアプリケーションデータを表示するには［Decrypted TLS］タブを選択しましょう。

A.4 ヒープ使用状況

wolfSSLは、ヒープメモリの使用量を計測／表示するオプションを用意しています。この機能を使用するにはWOLFSSL_TRACK_MEMORYマクロを有効化してください。このマクロが有効な場合、アプリケーション実行時に自動的に計測が開始され、終了時に以下に示す情報が出力されます。表示内容は、ヒープからのメモリの確保回数、解放回数、確保総バイト数、ピーク使用バイト数、現時点で使用中のバイト数です。メモリリークがあると、確保回数と解放回数に差が生じ、かつ使用中のバイト数が0以外の値となります。

```
total   Allocs   =    4299
total   Deallocs =    4298
total   Bytes    =  376059
peak    Bytes    =   25213
current Bytes    =     256
```

　上記は、本書サンプルプログラムの**client**を実行した際のヒープ使用量の出力例です。この例では、ヒープから確保した256バイトを意図的に解放しないでプログラムを終了させています。そのため確保回数（4299）と解放回数（4298）の差が1となり、使用中のバイト数が256と報告されています。

　また、ヒープメモリのピーク時の総バイト数は25213バイトであることもわかります。この値は、組み込み機器でヒープ使用量の設定の目安に使うことができます。

A.5　テスト用証明書、鍵

　certsディレクトリの下には、テストなどに利用できるサンプルの証明書や鍵のファイルが提供されています。このファイルは、wolfSSLのサンプルプログラムの中でも利用されていますが、ユーザーがアプリケーションを開発する過程で利用することも可能です。

表A.4　テスト用の証明書や鍵ファイル

ディレクトリ	種別	ファイル名の例（拡張子を除く）
certs		CA証明書、サーバー証明書、プライベート鍵
	サーバー用RSA	ca-cert、server-cert、server-key
	サーバー用ECC	ca-ecc-cert、server-ecc、ecc-key
	クライアント用RSA	client-ca、client-cert、client-key
	クライアント用ECC	client-ecc-cert、client-ecc-key
certs/1024	RSA（1024ビット）	
certs/3072	RSA（3072ビット）	
certs/4096	RSA（4096ビット）	
certs/crl	CRL	
certs/ecc	ECC（256ビット）	
certs/p512	ECC（512ビット）	
ed25519	Ed25519	
ed488	Ed25519	

　また、メモリ上のサンプル証明書／鍵データの初期値となるC言語の配列データが、ヘッダーファイル（**wolfssl/certs_test.h**）として提供されています。データは鍵長ごとに展開することができるようになっているので、次のように使用したい鍵長名をマクロ指定してインクルードします。

```
#define USE_CERT_BUFFERS_2048
#include wolfssl/test_certs.h
```

使用できる鍵長名を表A.5にまとめます。

表A.5　使用できる鍵長名

種類	マクロ名
RSA 1024	USE_CERT_BUFFERS_1024
RSA 2048	USE_CERT_BUFFERS_2048
RSA 3072	USE_CERT_BUFFERS_3072
RSA 4096	USE_CERT_BUFFERS_4096
ECC 256	USE_CERT_BUFFERS_256

各証明書／鍵データは、初期値データとデータサイズの対になっており、データ名は、次のようにサンプルファイル名と対応した規則で命名されています。

- データ名：ファイル名_拡張子_鍵長
- データサイズ：sizeof_ファイル名_拡張子_鍵長

```
static const unsigned char データ名[] = { ... };
static const int sizeof_データ名 = sizeof(データ名);
```

例えば、2048ビットのDER形式のサーバー鍵（server-key.der）は、server_key_der_2048とsizeof_server_key_der_2048となります。

Index

索引

著者について

古城 隆（こじょう・たかし）
wolfSSL Japan テックサポートおじさん兼技術責任者。
某電気メーカにて通信系システム、組込OS、ネットワークミドルウェアなどの開発、
ネットワーク系ベンチャーのCTOなどを経て、2012年より現職。

松尾 卓幸（まつお・たかゆき）
wolfSSL Japan 在籍ソフトウェアエンジニア。神奈川県横浜市在住。製品開発・
国内外のカスタマーサポートを担当。
国内電機器メーカーでファームウェア開発・設計等を経て2020年より現職。

宮崎 秀樹（みやざき・ひでき）
wolfSSL Japan 在籍ソフトウェアエンジニア。熊本県熊本市在住。製品開発・国
内外のカスタマーサポートを担当。
外資系製造装置メーカーでハードウェア制御やユーザインターフェースを含むシステ
ムソフトウェア開発、設計を経て2018年より現職。

須賀 葉子（すが・ようこ）
wolfSSL Japan 所属の唯一のノンエンジニア。日本におけるマーケティングを担当。
国内外ソフトウェアメーカーで開発、マーケティングを経て2017年より現職。

装丁 轟木 亜紀子（株式会社 トップスタジオ）
DTP 株式会社 シンクス
編集 山本 智史

徹底解剖 TLS 1.3
てぃーえるえす

2022年3月7日　初版第1刷発行

著　者　　古城 隆（こじょう・たかし）、松尾 卓幸（まつお・たかゆき）、
　　　　　宮崎 秀樹（みやざき・ひでき）、須賀 葉子（すが・ようこ）
発行人　　佐々木 幹夫
発行所　　株式会社 翔泳社（https://www.shoeisha.co.jp）
印刷・製本　株式会社 加藤文明社印刷所

ISBN978-4-7981-7141-8　　　　　　　　　　Printed in Japan